图说如何安全高效饲养肉牛

史民康 主编

中国农业出版社

本书有关用药的声明

兽医科学是一门不断发展的学问。用药安全注意事项必须遵守，但随着最新研究及临床经验的发展，知识也不断更新，因此治疗方法及用药也必须或有必要做相应的调整。建议读者在使用每一种药物之前，要参阅厂家提供的产品说明以确认推荐的药物用量、用药方法、所需用药的时间及禁忌等。医生有责任根据经验和对患病动物的了解决定用药量及选择最佳治疗方案。出版社和作者对任何在治疗中所发生的对患病动物和/或财产所造成的损害不承担任何责任。

中国农业出版社

GAOXIAO SIYANG XINJISHU CAISE TUSHUO XILIE

高效饲养新技术彩色图说系列

丛书编委会

GAOXIAO SIYANG XINJISHU CAISE TUSHUO XILIE

高效饲养新技术彩色图说系列

本书编委会

主　　编：史民康

副 主 编：贺俊平　杨　忠　王永经　张　敏
李福星

编写人员：史民康　贺俊平　杨　忠　王永经
张　敏　李福星　杨效民　田国强
周鹏建　雷宇平　袁　莉

照片提供：杨效民　贺俊平

序

XU

当前，制约我国现代畜牧业发展的瓶颈很多，尤其是2013年10月国务院发布《畜禽规模养殖污染防治条例》后，新常态下我国畜牧业发展的外部环境和内在因素都发生了深刻变化，正从规模速度型增长转向提质增效型集约增长，要准确把握畜牧业技术未来发展趋势，实现在新常态下畜牧业的稳定持续发展，就必须有科学知识的引领和指导，必须有具体技术的支撑和促动。

为更好地为发展适度规模的养殖业提供技术需要，应对养殖场（户）在饲养方式、品种结构、饲料原料上的多元需求，并尽快理解和掌握相关技术，我们组织兼具学术水平、实践能力和写作能力的有关技术人员共同编写了《高效饲养新技术彩色图说系列》丛书。这套丛书针对中小规模养殖场（户），每种书都以图片加文字流程表达的方式，具体介绍了在生产实际中成熟、实用的养殖技术，全面介绍各种动物在养殖过程中的饲养管理技术、饲草料配制技术、疫病防治技术、养殖场建设技术、产品加工技术、标准的制定及规范等内容。以期达到用简明通俗的形式，推广科学、高效和标准化养殖方式的目的，使规模养殖场（户）饲养人员对所介绍的技术看得懂、能复制、可推广。

《高效饲养新技术彩色图说系列》丛书既适用于中小规模养殖场（户）饲养人员使用，也可作为畜牧业从业人员上岗培训、转岗培训和农村劳动力转移就业培训的基本教材。希望这套丛书的出版，能对全国流转农村土地经营权、规范养殖业经营生产、提高畜牧业发展整体水平起到积极的作用。

丛书编委会

前 言

QIANYAN

养牛业是畜牧业的重要组成部分，大力发展养牛生产，对提高农业劳动生产率和推进现代化建设都有重大意义。近年来随着国民经济的快速发展，人们崇尚健康、安全的消费意识不断增强，膳食结构正在发生着巨大的变化，对牛肉产品的消费需求快速增长，使肉牛养殖业跃居为农民致富的优势产业。

牛肉在肉食品生产中占有重要地位，世界牛肉产量仅次于猪肉。牛肉含蛋白高、脂肪低，为上等肉食品。牛的全身都是宝，除生产优质肉食品外，其皮、毛、骨、血和内脏等是轻工业和医药工业的原料。牛皮是革类中的上品，耐潮耐热，即遇潮不膨胀、受热不易断裂，而且绝缘性良好。

发展肉牛生产，不仅可以提供大量的优质肉食品，而且是优化农区产业结构以及生态建设的需要。科学养牛，可一举多得：一是实现粮草的就地转化，增加农民收入，推进农民致富进程。二是促进农业生产的良性循环，草、料过腹还田，在减少化肥用量、降低农业生产成本的同时，可以大幅度提高土壤的有机质含量，从而增强种植业增产抗灾的能力；三是农副产品以及四边杂草的有效利用，有利于减少环境污染，净化农村生态环境；四是提供更多的优质畜产品，繁荣市场供给，丰富城乡“菜篮子”，优化国民膳食结构，强化国民身体素质。

我国养牛历史悠久，而真正意义的肉牛业则起步较晚，正处于由庭院养殖的家庭副业向规模化、集约化的现代肉牛业转变的过渡期。

为推进养殖方式的转变以及生产效益的提高，我们编撰了《图说如何安全高效饲养肉牛》，包括肉牛外形鉴定、优良品种、牛场建设、繁殖管理、育肥生产、饲料加工以及疾病防治等内容，力求先进实用，通俗易懂，图文并茂，系统介绍肉牛生产的各个环节，旨在直观指导生产，规范养殖过程，为广大肉牛养殖场（户）以及农民技术员提供参考，亦可作为农技推广部门、科教工作者的参考书藉。

在编写本书过程中，我们总结了多年来养牛生产和技术的推广经验，力求内容介绍系统全面、科学实用。同时广泛参阅和引用了国内外众多学者的有关著作及文献、图片等相关内容，在此一并致谢。

由于时间仓促和编著者水平所限，书中的缺点、不足以及谬误之处在所难免，恳请读者批评指正。

编　者

TUSHUO RUHE ANQUAN GAOXIAO SIYANG ROUNIU
目 录

第一章　肉牛外形特征与年龄鉴定

一、牛主要生产类型

根据主要用途，牛可分为乳用型牛、役用型牛和肉用型牛三大类。①乳用型牛：俗称奶牛，以生产生鲜牛奶为主要产品，形成后躯开阔、棱角明显、前躯相对窄小的体型（图1-1）。生产中常见的典型代表是荷斯坦奶牛，由于被毛多呈黑白花片，因而又称黑白花奶牛（图1-2）。②役用型牛：以耕地拉车为主要用途，前躯发达，后躯相对窄小，呈前胜体型（图1-3）。生产中常见的典型代表是地方黄牛（图1-4）。而伴随农耕的机械化作业，黄牛的用途正在向肉用过渡，其体型也在向肉用体型转变。③肉用型牛：以生产牛肉为主，简称肉牛，要求全身肌肉丰满。经过人们的定向选育，前躯和后躯均发育良好，具有良好的育肥性和产肉性能（图1-5），生产中常见的有夏洛来牛、安格斯牛、利木赞牛等

图1-1　乳用型牛体型特征示意图
（后躯发达，前躯窄小）

图1-2　乳用型牛体貌特征
（荷斯坦奶牛）

（图1-6），多为引进品种。我国最近育成的夏南牛和延黄牛具有良好的肉用性能，属于我国培育的肉用牛。

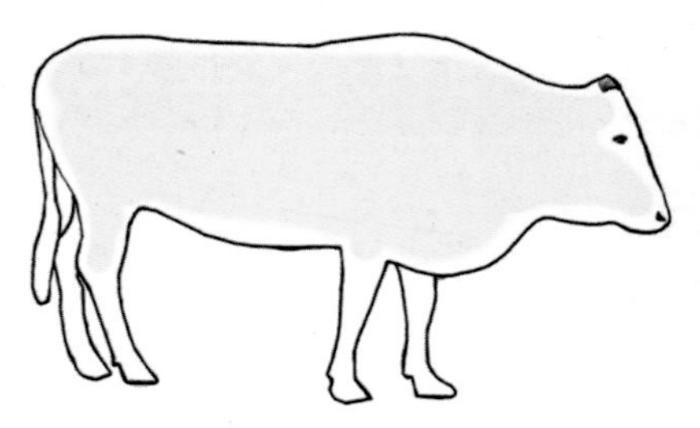

图1-3　役用型牛体型特征示意图

图1-4　役用型牛体型特征
（巴山黄牛向肉用体型过渡期）

图1-5　肉用型牛体型特征示意图

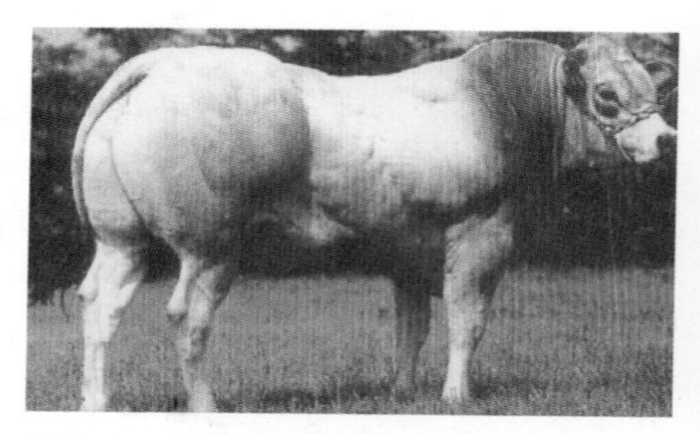

图1-6　肉用型牛体型特征（皮埃蒙特牛）

牛体型的分类是依据其主要产品的种类，但不限制其使用的范围，各类牛品种的杂种后代，都可以作肉用，不同用途的牛在完成其能提供的主产品的生产和使用阶段后，也全部作肉用。

二、肉牛的形态特征与外貌鉴定

养牛的第一步是购牛，认识和掌握牛的体型外貌特点，选择健康有育肥潜力的优质牛进行饲养，是科学养肉牛的第一步。

（一）肉牛的体型外貌鉴定

牛的外貌即牛体躯结构的外部形态，其内部组织器官是构成牛外貌的基础。牛的体质是机体形态结构、生理功能、生产性能、抗病力、对外界生活条件的适应能力等相互之间协调性的综合表现。牛的体质与外貌之间存在着密切的联系。外貌鉴定是通过对肉牛体型外貌的观察，揭示外貌与生产性能和健康程度之间的关系，以便在养牛生产上尽可能地选出生产性能高、健康状况好的牛。

（二）肉牛的形态特征

肉牛的理想体型呈“长方砖形”。从整体看，肉牛体型外貌特点应该从侧面、上方、前方或后方观察，均呈明显的矩形或圆筒状，体躯低垂，皮肤较薄，骨骼细致，全身肌肉丰满、疏松且比较匀称。从局部看，能体现肉牛产肉性能的主要部位有：头、鬐甲、背腰、前胸、尻部（后躯）以及四肢，尤其尻部最为重要。从前面看，胸宽而深，鬐甲平广，肋骨开张，肌肉丰满，构成前望矩形；从上面看，鬐甲宽厚，背腰和尾部广阔，构成上望矩形；从侧面看，颈短而宽，胸、尻深厚，前额突出，后股平直，构成侧望矩形；从后面看，尾部平广，两腿深厚，也构成矩形。肉牛的体形方整，在比例上前后躯较长，而中躯较短，全身粗短紧凑，皮肤细薄而松软，皮下脂肪发达，背腰、尻及大腿等部位的肌肉中间多沉积丰富的脂肪，被毛细密有光泽。

（三）肉牛的外貌部位与牛肉品质

肉牛的体型外貌，在很大程度上直接反映其产肉性能。肉用牛与其

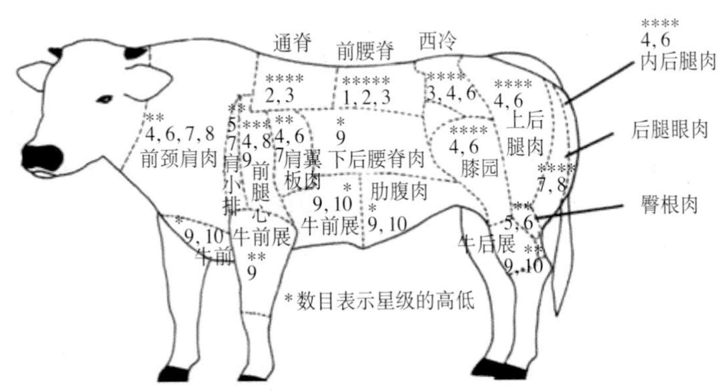

图1-7　牛体各部位牛肉的品质和商品肉的种类

1. 牛柳　2. 菲力　3. 牛排、腰脊牛排、西冷　4. 烤肉块　5. 小牛排
6. 火锅片　7. 卡卤焙烤肉　8. 寿喜烧　9. 红烧肉块　10. 薄肉片

（引自陈幼春编著《现代肉牛生产》）

他用途的牛在肉的品质上具有共同的规律，都是背部的牛肉最嫩、品质最好，依次为尻部、后腿、肩和鬐甲部、颈部、腹部、胁和前胸部（图1-7）。无论什么品种的牛，其牛肉质量都因产肉部位不同而异，好与次的程度用“*”表示，“*”多则等级高、售价高。

肉用牛的外貌部位名称如图1-8所示。

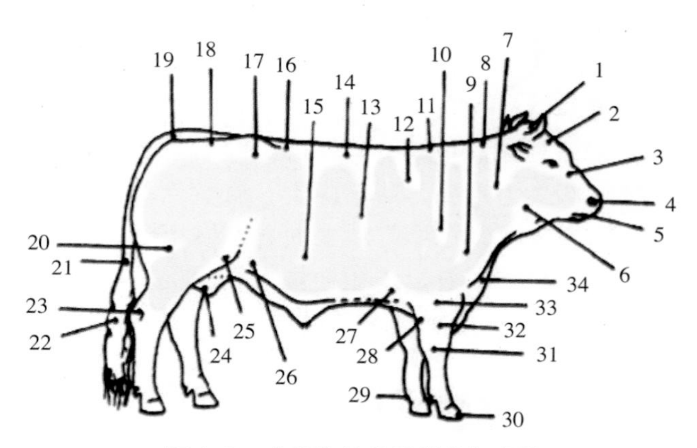

图1-8　肉用牛的外貌部位与名称

1.头顶　2.额　3.面部　4.鼻孔　5.口裂　6.下颌　7.颈　8.颈脊　9.肩端　10.肩　11.肩峰　12.肩后　13.胸　14.背　15.腹　16.腰　17.腰角　18.尻　19.尾根　20.大腿　21.尾　22.尾帚　23.飞节　24.阴囊　25.膝　26.后胁　27.前胁　28.肘　29.附蹄　30.蹄　31.腕　32.胫　33.前肢　34.垂皮

（引自陈幼春编著《现代肉牛生产》）

（四）肉用牛的外貌发育要求

生产中一般将牛体划分为十个部分，对于肉用牛，各部分的名称与发育要求如下。

（1）**头部**　线条轮廓清晰，公牛头必须强壮、雄悍；

（2）**颈部**　要求壮实、粗短，与体躯结合良好，过渡自然；

（3）**鬐甲**　要求宽、平、厚，结合紧凑；

（4）**背部**　要求平整，长宽而平，厚实丰满；

（5）**腰部**　要求肌肉发达，长而宽厚；

（6）**尻部**　要求宽长而方正，肌肉发达，后裆肌肉饱满、突出；

（7）**胸部**　要求前裆宽大，侧视胸深大于肢长；

（8）**腹部**　发达呈筒状，不下垂；

（9）生殖器官　要求外部形态发达；

（10）四肢　端正、灵活、矫健，关节清晰，四蹄端正、蹄质光滑。

肉用公牛和母牛的标准外貌见图1-9、图1-10。

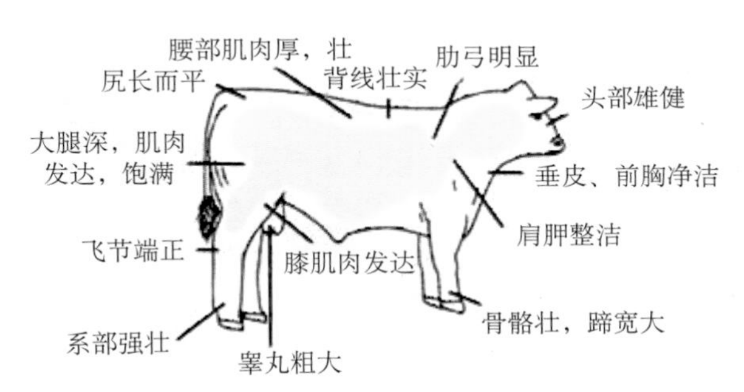

图1-9　肉用型公牛外貌标准示意图
（引自陈幼春编著《现代肉牛生产》）

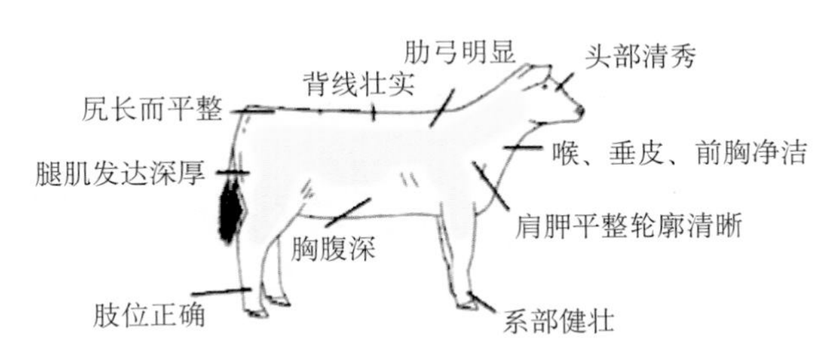

图1-10　肉用型母牛外貌标准示意图
（引自陈幼春编著《现代肉牛生产》）

三、肉牛年龄的鉴定

牛的年龄与生产性能密切相关。年龄的选择非常重要，而实际养牛生产中大多缺失年龄记录。年龄可根据牙齿鉴定和角轮鉴定相结合的方式进行综合判定。

（一）通过牙齿鉴定牛的年龄

牛的口齿鉴定主要是通过切齿的萌出和磨损情况进行。牛的上颌无切齿，代之以角质化的齿垫，下颌骨上着生有4对切齿，从中间向两边依次称钳齿、内中间齿、外中间齿和隅齿（图1-11、图1-12）。

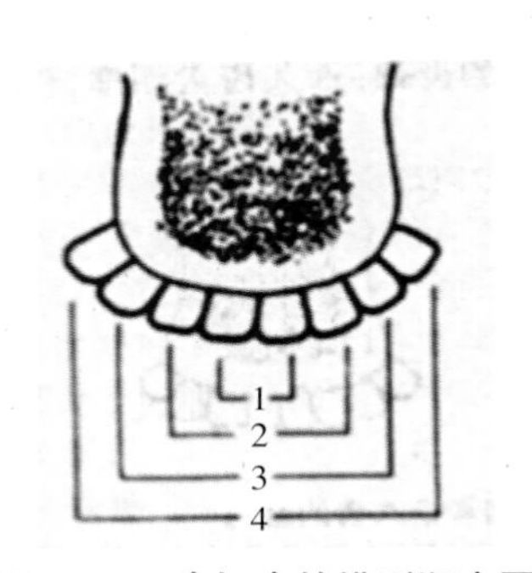

图1–11　牛切齿的排列顺序图

1.钳齿　2.内中间齿
3.外中间齿　4.隅齿

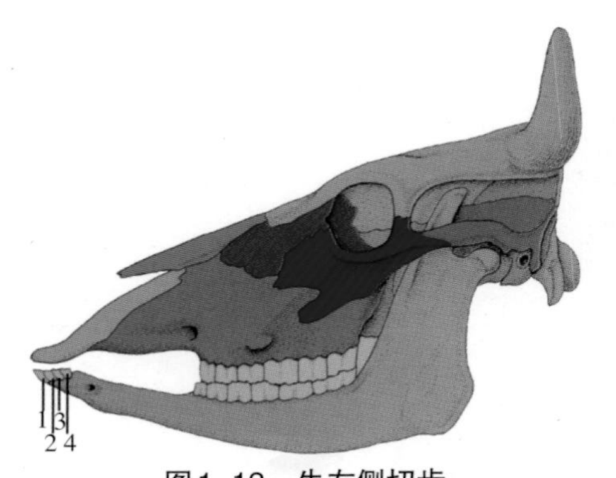

图1–12　牛左侧切齿

1.门齿　2.内中间齿　3.外中间齿　4.隅齿

牛的切齿表面被覆齿釉质，是牛体内最坚硬的组织，锐利耐磨。齿的主体是齿质，在齿质的内部有齿髓腔（图1-13）。一般初生犊牛已长有乳门牙（乳齿）1～3对，3周龄时全部长出，3～4月龄时全部长齐。4～5月龄时开始磨损，1周岁时四对乳牙显著磨损。1.5～2.0岁时换生第一对门齿，出现第一对永久齿；2.5～3.0岁时换生第二对门齿，出现第二对永久齿；3.0～4.0岁时换生第三对门齿，出现第三对永久齿。4.0～5.0岁时换生第四对门齿，出现第四对永久齿；5.5～6.0岁时永久齿长齐，通常称为齐口。亦可简单地按照“两岁一对牙、三岁两对牙，四岁三对牙，五岁四对牙”来判断牛的年龄。

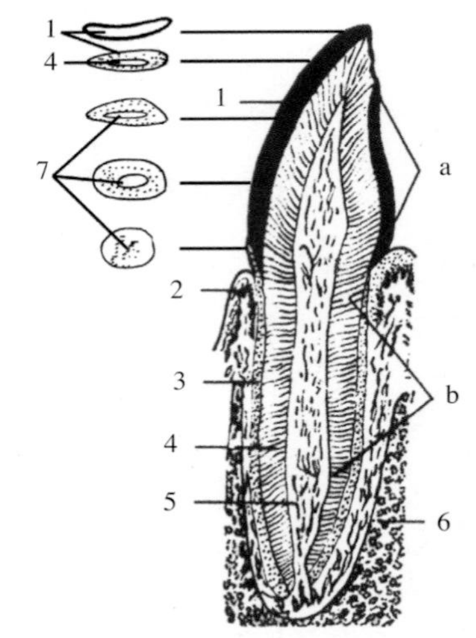

图1–13　牛切齿的构造

1.釉质　2.齿龈　3.齿骨质
4.齿质　5.齿髓　6.下颌骨
7.齿星　a.齿冠　b.齿根

（仿照冀一伦主编.《实用养牛科学》和董常生主编.《家畜解剖学》）

乳齿和永久齿的区别，一般乳门齿小而洁白，齿间有间隙，表面平坦，齿薄而细致，有明显的齿颈；永久齿大而厚，呈棕黄色、粗糙。

6岁以后的年龄鉴别主要是根据牛门齿的磨损情况进行判定。门齿磨损面最初为长方形或横椭圆形，以后逐渐变宽，成为椭圆形，最后出现圆形齿星。齿面出现齿星的顺序依次是7岁钳齿、8岁内中间齿、9岁外中间齿、10岁隅齿，11岁后牙齿从内向外依次呈三角形或椭圆形变化（图1-14、图1-15）。

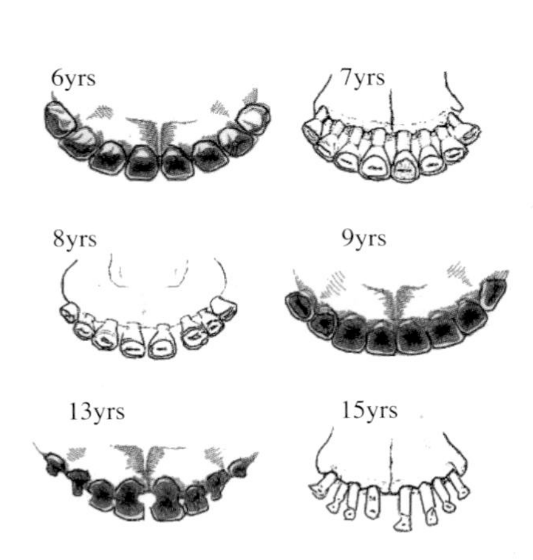

图1-14　牛不同年龄牙齿变化

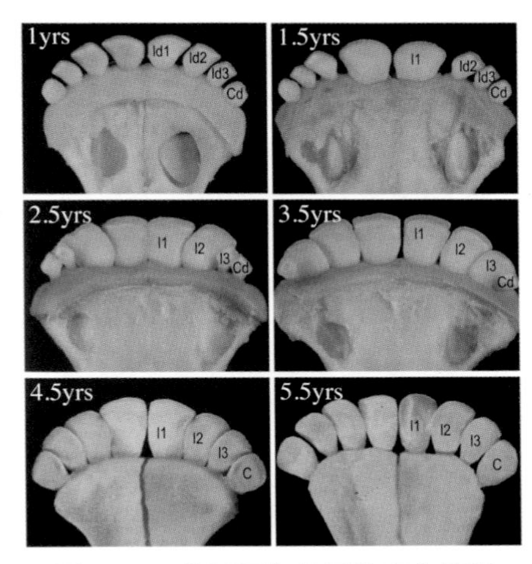

图1-15　牛不同年龄牙齿变化情况

（二）根据角轮鉴定牛的年龄

牛在妊娠期、冬季营养不良等饲养管理条件下，角的生长发育不良，导致角的表面凹陷，形成角轮。一般牛的实际年龄等于角轮数加上2 ~ 3岁。角轮鉴定年龄仅做参考。由于冬季营养不良形成的角轮，称为年轮，而在现代肉牛饲养中，四季营养基本平衡，形成的角轮不明显。

四、肉牛体尺测量与体重估算

肉牛体尺测量与体重估算是了解牛体各部位生长与发育情况、饲养管理水平以及牛的品种类型的重要方法。在正常生长发育情况下，牛的体尺与体重都有一定的关联度，若差异过大，则可能是饲养管理不当或出现遗传变异，要及时查出原因，加以纠正或淘汰。

牛体尺测量的工具包括测杖和卷尺，测杖又称为硬尺，卷尺称做软尺。一般测量和应用较多的体尺指标主要有体高、体斜长、胸围、管围等。

（1）体高　即牛的鬐甲高，从鬐甲最高点到地面的垂直距离，通常用测杖测量；

（2）体斜长　从肩端前缘到坐骨结节后缘的曲线长度，要求用卷尺测量；

（3）胸围　在肩胛骨后角（肘突后沿）绕胸一周的长度，用卷尺测量；

（4）管围　在左前肢管部的最细处（管部上1/3处）的周径，用卷尺测量（图1-16）。

肉牛的体重最好以实际称重为准。一般用地磅或台秤称重。牛的体重较大，称重难度大，同时饲养场户大多没有合适的称量工具。因而，可根据牛的体尺体重之间的相关性，通过体尺测量数据进行估算。不同年龄牛的体重估算方法如下：

（1）6～12月龄　体重（千克）= [胸围（米）]^2× 体斜长（米）×98.7

（2）16～18月龄　体重（千克）= [胸围（米）]^2× 体斜长（米）×87.5

（3）成年母牛　体重（千克）= [胸围（米）]^2× 体斜长（米）×90.0

利用体尺估算体重，其结果应根据牛的肥瘦度适当加减。

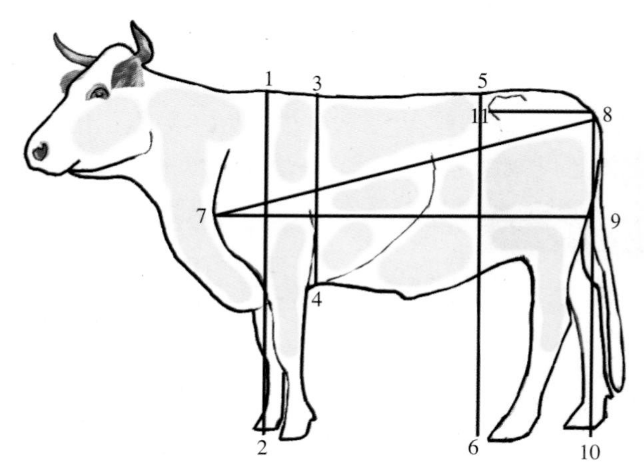

图1–16　牛常用体尺测量方法

1-2连线为体高　3-4环绕为胸围　5-6连线为腰高　7-8连线为体斜长
7-9连线为体直长　8-10连线为臀端高　8-11连线为尻长

第二章　肉牛优良品种

一、夏洛来牛

夏洛来牛是大型肉牛品种，原产于法国的夏洛来省和涅夫勒地区，以生长快、肉量多、体型大、耐粗放而受到国际市场的广泛欢迎，在许多国家均有饲养。

1.外貌特征　该牛最显著的特点是被毛由白色到乳白色。体躯高大，全身肌肉发达。骨骼结实，四肢强壮；头小而宽，角小色黄，颈短粗，胸宽深，肋骨方圆，背宽肉厚。体躯呈圆筒状，肌肉丰满，后臀肌肉发达，并向后面和侧面突出。成年夏洛来牛体高142厘米，体长180厘米，胸围244厘米；成年体重公牛1 100 ～ 1 200千克，母牛700 ～ 800千克（图2-1、图2-2）。

图2–1　夏洛来牛公牛

图2–2　夏洛来牛母牛

2.生产性能　夏洛来牛的生产性能最显著特点是：生长速度快，瘦肉产量高。在良好的饲养条件下，6月龄体重公犊234千克、母犊210千克。平均日增重公犊1 000 ～ 1 200克、母犊1 000克。12月龄体重公牛

525千克，母牛360千克。屠宰率65%～70%，胴体瘦肉率80%～85%。

3.利用　自引进我国以来，以夏洛来牛为父本对当地黄牛进行杂交改良，杂种一代表现父系品种特色，毛色多为乳白色或干草黄色，肌肉丰满，耐粗饲，易于饲养管理。夏杂后代生长速度快、瘦肉率和屠宰率高。其不足之处是犊牛初生重较大，平均在40千克以上，难产率相对较高。

二、利木赞牛

利木赞牛为大型肉用牛品种，原产于法国的利木赞高原，并因此而得名。在法国其数量仅次于夏洛来牛，现在世界上许多国家都有该牛分布。我国数次从法国引入利木赞牛，在山西、河南、山东、内蒙古等地改良当地黄牛。

1.外貌特征　利木赞牛毛色多为红色或黄色，口、鼻、眼等自然孔周围、四肢内侧及尾帚毛色较浅，角细、呈白色，蹄为红褐色。头短额宽，胸部宽深，体躯较长，后躯肌肉丰满，四肢粗短。成年体高公牛140厘米、母牛131厘米。成年体重公牛1 200～1 500千克、母牛600～800千克（图2-3、图2-4）。

图2-3　利木赞牛公牛

图2-4　利木赞牛母牛

2.生产性能　利木赞牛产肉性能好，眼肌面积大，前后肢肌肉丰满，出肉率高，在肉牛市场上很有竞争力。集约饲养条件下，犊牛断奶后生长很快，10月龄体重即达408千克，12月龄体重可达480千克左右，哺乳期平均日增重0.86～1.0千克；因该牛在幼龄期，8月龄小牛就可生产出具有大理石纹的牛肉，因此，是法国等一些欧洲国家生产牛肉的主要品种。利木赞牛屠宰率为63%～70%，瘦肉率可达80%～85%。肉品质好，细嫩味美，脂肪少，瘦肉多。

3.利用　自1974年以来，我国数次从法国引入利木赞牛，用于改良当地黄牛。利杂牛体型改善，肉用特征明显，生长强度增大，杂种优势明显。目前，山东、黑龙江、安徽为主要供种区。全国现有利木赞改良牛约45万头。

三、海福特牛

海福特牛为中小型早熟肉牛品种，原产于英国英格兰西部的海福特县。现在分布于世界许多国家，我国从1974年首批从英国引进海福特牛。

1.外貌特征　海福特牛除头、颈垂、腹下、四肢下部和尾端为白色外，其他部分均为红棕色，皮肤为橙红色。体躯宽大，前胸发达，全身肌肉丰满。头短，额宽，颈短粗，颈垂及前后躯发达，背腰平直而宽，肋骨张开，四肢端正而短，躯干呈圆筒形，具有典型的肉用牛的长方形体型。分有角和无角两个系群（图2-5、图2-6）。成年公牛体高134.4厘米，体长196.3厘米，胸围211.6厘米，体重850～1 100千克；成年母牛体高126厘米，体长152.9厘米，胸围192.2厘米，体重600～700千克。

2.生产性能　犊牛初生重公牛34千克，母牛32千克；12月龄体重达400千克，平均日增重1千克以上。屠宰率60%～64%，经育肥后可达67%～70%。肉质细嫩，肌纤维间沉积脂肪丰富，肉呈大理石状。

3.利用　用海福特牛改良本地黄牛，改良牛生长良好，早熟性和牛肉品质提高。

图2-5　有角海福特牛

图2-6　无角海福特牛（公牛）

四、安格斯牛

安格斯牛属中小型早熟肉牛品种，原产于英国的阿伯丁和安格斯等地，外貌特征是黑色无角，体躯矮而结实，肉质好，出肉率高（图2-7、图2-8）。也有纯红色的安格斯牛（图2-9）。目前世界大多数国家都有该品种牛。

图2–7 安格斯牛公牛

图2–8 安格斯牛母牛

图2–9 红安格斯牛

1.外貌特征 安格斯牛以被毛黑色和无角为其重要特征，故也称为无角黑牛。育种专家在安格斯牛群中培育出了红色安格斯牛。该牛体格低矮，体质紧凑、结实，头小而方，额宽，体躯宽深、呈圆筒形，四肢短而直，前后档较宽，全身肌肉丰满，具有现代肉牛的典型长方形体型。成年体重公牛700 ~ 900千克、母牛500 ~ 600千克，犊牛初生重25 ~ 32千克，成年体高公牛130.8厘米、母牛118.9厘米。

2.生产性能 安格斯牛具有良好的肉用性能，被认为是世界上专门化肉牛品种中的典型品种之一。早熟，胴体品质好，出肉多，肌肉大理石纹好。屠宰率60%～65%，哺乳期日增重900 ~ 1 000克，育肥期日增重（1.5岁以内）1 400 ~ 1 800克。

3.利用 安格斯牛杂种优势明显，其后代抗逆性强，耐粗饲，对严酷气候的耐受力强，早熟，肉质上乘。

五、西门塔尔牛

西门塔尔牛属肉、乳兼用型牛，原产于瑞士。西门塔尔牛在引进我国后，对我国各地的黄牛改良效果非常明显，杂种一代的生产性能一般提高30%以上，因此很受欢迎。

1.外貌特征　西门塔尔牛毛色为黄白花或淡红白花，头、胸、腹下、四肢及尾帚多为白色，皮肤为粉红色，头长面宽；角较细，向外上方弯曲，尖端稍向上。颈长中等；体躯长，呈圆筒状，肌肉丰满；后躯较前躯发育好，胸深，尻宽平，四肢结实，大腿肌肉发达；额与颈上有卷曲毛。乳房发育好，乳头粗大，乳房静脉发育良好，有乳用牛特征。成年体重公牛1 000 ～ 1 200千克，母牛650 ～ 800千克。成年体高母牛134 ～ 142厘米，公牛142 ～ 150厘米。犊牛初生重30 ～ 45千克（图2-10、图2-11、图2-12）。

图2-10　西门塔尔牛母牛

图2-11　西门塔尔牛种公牛

图2-12　西门塔尔牛育肥牛

2.生产性能　西门塔尔牛乳、肉用性能均较好，平均产奶量为4 000千克以上，乳脂率4.0%。该牛生长速度较快，12月龄以内平均日增重可达1.32千克，生长速度与其他大型肉用品种相近。12 ~ 14月龄牛体重可达540千克以上，胴体肉多，脂肪少而分布均匀，公牛育肥后屠宰率可达65%左右。成年母牛难产率低，适应性强，耐粗放管理。

3.利用　西门塔尔牛是我国改良本地黄牛范围最广、数量最大，杂交最成功的牛种。西杂牛生长速度快，2 ~ 3个月的短期育肥一般平均日增重1 134 ~ 1 247克，16月龄屠宰时，屠宰率达55%以上；育肥牛屠宰率达60% ~ 65%。一代杂种母牛可为下一轮杂交提供很好的繁殖用母牛，产奶量高，保姆性强。

六、皮埃蒙特牛

皮埃蒙特牛原产于意大利北部波河平原的皮埃蒙特地区的都灵、米兰、克里英等地，属于温和的中欧型大陆气候，夏季热，冬季寒冷。皮埃蒙特牛目前正向世界各地传播。我国于1986年引进冻精细管和冻胚，现多分布于北方。

1.外貌特征　皮埃蒙特牛属中型肉牛，是瘤牛的变种。颈短粗，上部呈方形，复背复腰，腹部上收，体躯较长呈圆筒形，全身肌肉丰满，臀部肌肉凸出，双臀。公牛皮肤呈灰色或浅红色，眼睑、眼圈、颈、肩、四肢、身体侧面和后腿侧面有黑色素；母牛呈白色或浅红色，也有暗灰色或暗红色（图2-13、图2-14）。犊牛被毛为乳黄色，以后逐渐变为灰白色。角在20月龄变黑，成年后基部1/3呈浅黄色。鼻镜、唇、尾尖、蹄等处呈黑色。成年公牛体高140 ~ 150厘米，体重800 ~ 1 000千克；成年母牛体高130厘米，体重500 ~ 600千克；犊牛初生重公牛42千克，母牛40千克。

图2-13　皮埃蒙特牛公牛

图2-14　皮埃蒙特牛双脊犊牛

2.生产性能　早期增重快，皮下脂肪少，屠宰率和瘦肉率高，饲料报酬高，肉嫩、色红。0～4月龄日增重1.3～1.4千克，周岁体重达400～500千克。屠宰率65%～72.8%，净肉率66.2%，胴体瘦肉率84.1%，骨13.6%，脂肪1.5%，平均每增重1千克耗精料3.1～3.5千克。皮埃蒙特牛不仅肉用性能好，且抗体外寄生虫，耐体内寄生虫，耐热，皮张质量好。

3.利用　皮埃蒙特牛与我国黄牛杂交效果较好，用其作父本与南阳牛杂交，杂种一代犊牛的初生重比本地牛高25%左右。成年牛身腰加长，后臀丰满，后期生长发育明显高于其他品种，并保持了中国黄牛肉多汁、嫩度好、口感好、风味可口的特点。

七、短角牛

短角牛原产于英格兰的诺桑伯、德拉姆、约克和林肯等郡。该品种牛是由当地土种长角牛经改良而来，角较短小。1950年，随着世界奶牛业的发展，短角牛中一部分向乳用方向选育，于是逐渐形成了近代短角牛的两种类型：即肉用型短角牛和乳肉兼用型短角牛。

1.外貌特征　肉用短角牛被毛以红色为主，有白色和红白交杂的个体，部分个体腹下或乳房部有白斑，鼻镜粉红色，眼圈色淡。皮肤细致柔软。该牛体型为典型肉用牛体型，侧望体躯呈矩形，背部宽平，背腰平直，尻部宽广、丰满，股部宽而多肉。体躯各部位结合良好，头短，额宽平。角短细，向下稍弯，呈蜡黄色或白色，角尖部黑色。颈部被毛较长且多卷曲，额顶部有丛生毛（图2-15）。成年体重公牛900～1 200千克，母牛600～700千克；成年体高公牛136厘米和母牛128厘米。兼用型短角牛基本上与肉用短角牛一致，不同的是其乳用特征较为明显，乳房发达，后躯较好，整个体格较大。

图2-15　短角牛公牛

2.生产性能　肉用短角牛早熟性好，肉用性能突出，利用粗饲料能力强，增重快，产肉多，肉质细嫩。17月龄活重可达500千克，屠宰率65%以上。

3.利用　短角牛是世界上分布很广的品种。我国曾多次引入，在东北、内蒙古等地改良当地黄牛，普遍反映杂种牛毛色紫红，体型改善、体格加大、产乳量提高，杂种优势明显。我国育成的乳肉兼用型新品种——草原红牛，就是用乳用短角牛同吉林、河北和内蒙古等地的7种黄牛杂交选育形成的。其乳肉性能都取得全面提高，表现出了很好的杂交改良效果。

八、德国黄牛

德国黄牛原产于德国拜恩州的维尔次堡、纽伦堡、班贝格等地及奥地利毗邻地区，其中德国数量最多，系瑞士褐牛与当地黄牛杂交选育而成。在美洲和欧洲享有较高声誉，为肉乳兼用型品种，但侧重于肉用。

1.外貌特征　德国黄牛与西门塔尔牛血缘相近，体型似西门塔尔牛。毛色呈浅红色，体躯长，体格大，胸深，背直，四肢短而有力，肌肉强健。母牛乳房大，附着结实(图2-16)。

图2-16　德国黄牛公牛

2.生产性能　成年体重公牛900 ~ 1 200千克，母牛600 ~ 700千克，屠宰率62%，净肉率56%。犊牛初生重平均为42千克。小牛易肥育，肉质好，屠宰率高。去势小公牛育肥至18月龄时体重达500 ~ 600千克。

3.利用　我国河南省于1997年引进该品种进行杂交改良，效果较好。

九、比利时蓝白花牛

比利时蓝白花牛原产于比利时王国的南部，多分布在靠近法国一带。

1.外貌特征　被毛呈蓝白花片。体躯强壮，背直，肋圆，全身肌肉极度发达，臀部丰满，后腿肌肉突出。温驯易养。公牛角向外略向前弯。成年体重公牛1 100 ～ 1 300千克、母牛700 ～ 850千克，肉用性状表现为肌肉宽厚的尻部和向后延伸宽厚的后大腿，这是其他肉用牛很少有的（图2-17）。

图2–17　比利时蓝白花牛公牛

2.生产性能　公牛育肥到13月龄的体重达571千克，体高123厘米，7 ～ 13月龄日增重为1.57千克。屠宰率在70%以上。经过育肥的比利时蓝白牛，胴体中各种特级肉的比例高、可食部分比例大，优等者胴体中肌肉70%、脂肪13.5%、骨16.5%。胴体一级切块率高，即使前腿肉也能形成较多的一级切块。肌纤维细，肉质嫩，肉质完全符合国际市场的要求。

3.利用　比利时蓝白牛是欧洲黑白花牛的一个分支，是该血统牛中唯一育成的肉用专门品种。我国在1996年后引进，作为肉牛配套系的父系品种。

十、日本和牛

日本和牛产于日本，是日本分布最广、数量最多的肉牛品种。

1.外貌特征　日本和牛属于中型偏大的肉牛品种。被毛以黑色为主，毛尖呈黑褐色，但也有褐色被毛，一般和牛分为褐色和牛和黑色和牛两种。根据角的有无分为无角和有角两个类型，无角和牛是用安格斯牛改良当地土种牛育成的，有角和牛由当地牛选育而成。

日本和牛前躯和中躯发育良好，后躯发育差，四肢强健，蹄质坚实，皮薄而富弹性，被毛柔软。成年公牛体高142 ～ 149厘米，体重920 ～ 1 000千克；成年母牛体高125 ～ 128厘米，体重510 ～ 610千克（图2-18、图2-19）。

2.生产性能　和牛生长发育速度快，公牛9月龄去势进行育肥，18 ～ 20月龄体重可达650 ～ 750千克，屠宰率65%。肉品质好，日本和牛肉在日本的市场价最高。

图2-18　日本和牛母牛

图2-19　日本和牛公牛

十一、秦川牛

秦川牛是我国五大地方良种黄牛之一，产于陕西省渭河流域的关中平原地区。关中系粮棉等作物主产区，土地肥沃，饲草丰富，农作物种类多，农民喂牛经验丰富；在群众长期选择体格高大、役用力强、性情温驯的牛只作种用的条件下，加上历代广种苜蓿等饲料作物，形成了良好的基础牛群。以咸阳、兴平、乾县、武功、礼泉、扶风和渭南等地的秦川牛最为著名，量多质优。

1.外貌特征　秦川牛毛色有紫红、红、黄三种，以暗红色和棕红色者居多。角短而钝，多向外下方或向后稍微弯曲。体格高大，骨骼粗壮，肌肉丰满，体质强健。头部方正，肩长而斜，胸宽深，肋长而开张，背腰平而宽广，荐部隆起，前躯较后躯发育好，四肢粗壮结实，两前肢相距较宽。公牛头较大，颈粗短，垂皮发达。母牛头清秀，颈厚薄适中。成年公牛体重600 ~ 700千克，体高141厘米；成年母牛体重400 ~ 500千克，体高124厘米（图2-20、图2-21）。

2.生产性能　生长速度快，瘦肉产量高。在良好的饲养条件下，6月龄体重公犊250千克，母犊210千克。日增重可达1 400克。在良好饲养条件下公牛周岁可达500千克。秦川牛牛皮厚、韧性和弹力大，是很好的皮张原料。

3.利用　秦川牛曾被输至浙江、安徽等21个省（自治区），用以改良当地黄牛，杂交效果良好。表现为杂种后代体格明显加大，增长速度加快，杂种优势明显。

图2-20　秦川牛公牛

图2-21　秦川牛母牛

十二、晋南牛

晋南牛是我国五大地方良种黄牛之一，产于山西省西南部汾河下游晋南盆地的万荣、河津、临猗、永济、运城、夏县、闻喜、芮城、新绛，以及临汾地区的候马、曲沃、襄汾等县、市。当地农作物以棉花、小麦为主，其次为豌豆、大麦、谷子、玉米、高粱、花生和薯类等，素有山西粮仓之称。当地习惯种植苜蓿、豌豆等豆科作物，与棉、麦倒茬轮作，使土壤肥力得以维持。天然草场主要分布在盆地周围的山区丘陵地和汾河、黄河的河滩地带，给食草家畜提供了大量优质的饲料和饲草及放牧地。

1.外貌特征　晋南牛体躯高大结实，具有役用牛的体型外貌特征。毛色以枣红色为主，鼻唇镜粉红色，蹄趾亦多呈粉红色。公牛头中等长，额宽，顺风角，颈较粗而短，垂皮比较发达，前胸宽阔，肩峰不明显，臀端较窄，蹄大而圆，质地致密。成年公牛体重600 ~ 750千克，体高139厘米。成年母牛体重450 ~ 550千克，体高125厘米（图2-22、图2-23）。

图2-22　晋南牛公牛

图2-23　晋南牛母牛

2.生产性能　晋南牛是一个古老的地方良种，体型高大粗壮，肌肉发达，前躯和中躯发育良好，耐热、耐苦、耐劳、耐粗饲，具有良好的役用和肉用性能。在生长发育晚期进行育肥时，饲料利用率和屠宰成绩较好，是向专门化肉用方向选育的地方品种之一。成年牛育肥后屠宰率达52.3%，强度育肥牛可达60%以上。

3.利用　晋南牛曾输往四川、云南、陕西、甘肃、江苏、安徽等地，进行黄牛改良，效果良好。

十三、南阳牛

南阳牛是我国五大良种黄牛之一，产于河南省南阳市唐河、白河流域的广大平原地区，以南阳市郊区、唐河、邓州、新野、镇平、社旗、方城等八个县、市为主要产区。南阳牛特征是体躯高大，力强持久；肉质细，香味浓，大理石花纹明显；皮质优良。

1.外貌特征　体格高大，肌肉发达，结构紧凑，皮薄毛细。鬐甲部较高，公牛鬐甲向上隆起8 ～ 9厘米，肩胛斜长，前躯比较发达。母牛头清秀，较窄长，颈薄、呈水平状、长短适中，一般中后躯发育较好。南阳黄牛的毛色有黄、红、草白三种，以深浅不等的黄色为最多。成年公牛体重647千克，体高145厘米，成年母牛体重512千克，体高126厘米（图2-24、图2-25）。

2.生产性能　公牛育肥期平均日增重813克，1.5岁体重可达440千克以上，屠宰率55.6%。3 ～ 5岁阉牛经强度育肥，屠宰率可达64.5%。

3.利用　南阳黄牛在我国的很多省区被大量用于改良当地黄牛，曾

图2–24　南阳牛公牛

图2–25　南阳牛母牛

向全国22个省、市提供种牛，杂交效果良好。

十四、鲁西牛

鲁西牛是我国五大良种黄牛之一，原产于山东西南地区，分布于菏泽地区的郓城、鄄城、菏泽、巨野、梁山和济宁地区的嘉祥、金乡、济宁、汶上等县、市。聊城、泰安以及山东的东北部也有分布。

1.外貌特征　被毛从浅黄到棕红色，以黄色为最多。多数牛的眼圈、口轮、腹下和四肢内侧毛色浅淡。鼻唇镜多为淡肉色。体型大，前躯发达，垂皮大，肌肉丰满，四肢开阔，蹄圆质坚。成年体重公牛600千克以上，母牛500千克以上。性温驯，易育肥，肉质良好。成年公牛体高146.3±6.9厘米，体长160.9±6.9厘米，胸围206.4±13.2厘米，体重644.4±108.5千克，成年母牛体高123.6±5.6厘米，体长138.2±8.9厘米，胸围168.0±10.2厘米，体重365.7±62.2千克（图2-26、图2-27）。鲁西牛体躯结构匀称，细致紧凑，具有较好的役肉兼用体型。公牛多平角或龙门角；母牛角形多样，以龙门角较多。垂皮较发达。公牛肩峰高而宽厚，但后躯发育较差，体躯呈明显的前高后低的体型。母牛鬐甲较低平，后躯发育较好，背腰较短而平直。

图2-26　鲁西牛公牛

图2-27　鲁西牛母牛

2.生产性能　鲁西牛产肉性能良好。皮薄骨细，产肉率较高，肌纤维细，脂肪分布均匀，呈明显的大理石状花纹。对1～1.5岁牛进行育肥，平均日增重610克。18月龄的阉牛平均屠宰率57.2%。

十五、延边牛

延边牛是我国五大良种黄牛之一，产于东三省的东部，分布于吉林省延边朝鲜族自治区的延吉、和龙、汪清、珲春及毗邻各县；黑龙江省的宁安、海林、东宁、林口、汤元、桦南、桦川、依兰、勃利、五常、尚志、延寿、通河，辽宁省宽甸县及沿鸭江一带。延边牛体质结实，抗寒性能良好，耐寒，耐粗饲，耐劳，抗病力强。

1.外貌特征 延边牛属役肉兼用品种。胸部深宽，骨骼坚实，被毛长而密，皮厚而有弹力。公牛额宽，头方正，角基粗大，多向后方伸展，呈一字形或倒八字角。颈厚而隆起，肌肉发达。母牛头大小适中，角细而长，多为龙门角。毛色多呈浓淡不同的黄色，鼻唇镜一般呈淡褐色，带有黑点。成年公牛体重500千克，体高131厘米；成年母牛体重400千克，体高122厘米（图2-28、图2-29）。

图2–28 延边牛公牛

图2–29 延边牛母牛

2.生产性能 延边牛自18月龄育肥6个月，日增重为813克，屠宰率57.7%，肉质柔嫩多汁，鲜美适口，大理石纹明显。

图2–30 大别山牛公牛

另外，我国地大物博，黄牛品种资源丰富，大别山牛（图2-30）、科尔沁牛（图2-31）、枣北牛（图2-32）、巴山牛（图2-33）、雷琼牛（图2-34）、温岭高峰牛（图2-35）、云南高峰牛（图2-36）、西藏牛（图2-37）、娥边花牛（图2-38）、渤海黑牛（图2-39）、三河牛（图2-40）、新疆褐牛（图2-41）、草原红牛（图2-42）等都具有一定的肉用性能，为肉牛业生产奠定了坚实的基础。

图2-31　科尔沁牛公牛

图2-32　枣北牛公牛

图2-33　巴山牛公牛

图2-34　雷琼牛公牛

图2-35　温岭高峰牛公牛

图2-36　云南高峰牛公牛

图2–37　西藏牛公牛

图2–38　娥边花牛公牛

图2–39　渤海黑牛母牛

图2–40　三河牛母牛

图2–41　新疆褐牛公牛

图2–42　草原红牛公牛

肉牛

第三章　肉牛场建设

一、肉牛场场址选择

肉牛场是集中饲养肉牛的场所，是肉牛生活的小环境，也是肉牛的生产场所和生产无公害肉牛的基础，健康肉牛群的培育依赖于防疫设备和措施完善的肉牛场。建场用地必须符合相关法律法规与区域内土地使用以及新农村建设规划，场址选择不得位于《畜牧法》以及相关条例明令禁止的区域。

（一）原则

在进行肉牛场场址选择时，应坚持效益优先的原则，即追求经济效益、生态效益和社会效益的最大化。在选址时应遵循以下原则：符合肉牛的生物学特性和生理特点；有利于保持肉牛体健康，能充分发挥其生产潜力；最大限度地发挥当地资源和人力优势；有利于环境保护；能保障安全环境。

（二）依据

肉牛场的建立必须从场址选择就为肉牛生产创造一个良好的环境，保证场区具有良好的小气候条件，有利于肉牛舍内空气环境的控制。肉牛场应选在文化、商业区及居民点的下风处，但要避开其污水排出口，不能位于化工厂、屠宰场、制革厂等易造成环境污染的企业的下风处或附近。

（三）地理位置与交通条件

肉牛场应选择在居民点的下风向，距离居民集中生活区1 000米以上，其海拔不得高于居民点。为避免居民区与肉牛场的相互干扰，可在两地之间建立树林隔离区。

便利的交通是肉牛场对外进行物质交流的必要条件，但在距公路、铁路、飞机跑道过近时建场，交通工具产生的噪声会影响肉牛的休息与消化，人流、物流频繁过往也易传染疾病，所以肉牛场应选择距主要交通干线500米以上，以便于防疫（图3-1、图3-2）。

图3–1　肉牛场外景

图3–2　牛场选址（远离居民区和交通干线）

（四）地形、地势与土质

地形、地势指地面高低起伏的状况。场地应选择地势较高、干燥、避风、阳光充足的地方，利于肉牛生长发育，防止疾病的发生。与河岸保持一定距离，特别是在水流较快的溪流旁建场时更要注意。一般要高于河岸，最低应高出当地历史洪水线以上。其地下水位应在2米以下，这样的地势可以避免雨季洪水的威胁，减少土壤毛细管水上升造成的地面潮湿。要向阳背风，以保证场区小气候温热状况相对稳定，减少冬春季风雪的侵袭，特别是要避开西北方向的风口和长形谷地。肉牛场的地面要平坦稍有坡度，以便排水，防止积水和泥泞。总坡度应与水流方向相同。场区占地面积可根据饲养规模、管理方式、饲料贮存和加工等来确定。要求布局紧凑，地形应开阔整齐，尽量少占耕地，并留有发展余地。肉牛场土质应坚实，抗压性和透水性强，无污染，以沙壤土为好。

（五）水源的选择

肉牛场要求水量充足，能满足肉牛场内人、牛饮用和其他生产、生活用水，并应考虑防火、灌溉和未来发展的需要。肉牛场的需水量可按成年牛当量计算，每头成年肉牛每日耗水量45～60千克；①水质良好，以不经处理即能符合饮用水标准的水源最为理想；②便于防护，以保证水源水质经常处于良好状态，不受周围环境的污染；③取用方便，设备投资少，处理技术简便易行（图3-3）。可供肉牛场选择的水源有三类，即地表水、地下水和雨水。江、河、湖、水库等为地表水。地下水最为理想，地表水次之，雨水易被污染，最好不用。

图3-3 牛场的理想供水系统

（六）饲草、饲料来源

饲草、饲料的来源，尤其粗饲料，决定着肉牛场的规模。一般应考虑5千米半径内的饲草、饲料资源，距离太远，会加大运输费用，影响经营效益。

（七）饲养规模

肉牛场规模大，有利于饲牧人员合理分工和专业化生产，提高劳动效率，有利于新技术的推广应用，可以获得较大经济效益。但饲养规模还受饲草资源、场区占地面积、粪污处理条件以及投入资本等限制，故应因地制宜。

二、肉牛场布局

（一）肉牛场布局原则

肉牛场的布局应本着因地制宜和科学管理的原则，以整齐、紧凑、提高土地利用率和节约基建投资，经济耐用；有利于生产管理、机械化作业和便于防疫、安全生产为目标。做到各类建筑合理布置，符合发展远景规划；符合肉牛的饲养、管理技术要求；场内交通便利，便于草料运送、满足机械化操作要求，并遵守卫生和防火要求。

（二）肉牛场的总体分区规划

肉牛场的布局是否合理应从卫生防疫、方便生产，粪尿及废弃物处置，以及有利于饲牧人员休息和健康等方面来衡量。具有一定规模的肉牛场，通常分为五个功能区：即职工生活区、管理区、生产区和病牛隔离区和粪污处理区。在进行场地规划时，应充分考虑未来的发展，在规划时应留有余地，对生产区的规划更应注意。各区的位置要从卫生防疫和工作方便的角度考虑，并根据场地的地形地貌和当地全年主风向进行规划（图3-4）。

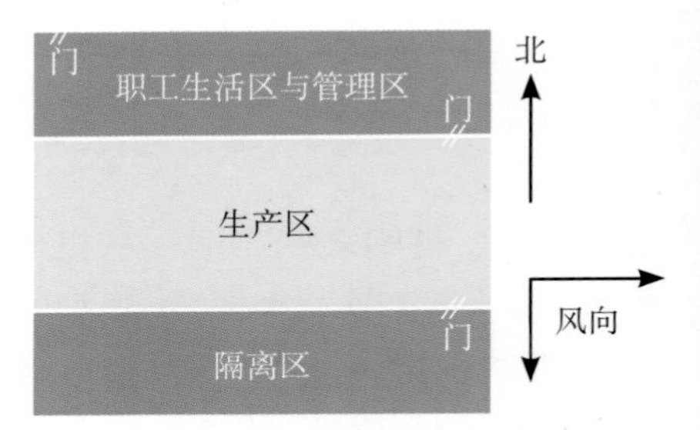

图3-4　肉牛场布局示意图

（1）职工生活区　职工生活区应建在场区的上风向和地势较高的地段，依次为生产管理区、饲养生产区、病牛隔离区和粪污处理区。这样配置使肉牛场产生的不良气味、噪声、粪尿和污水，不致因风向与地面泾流而污染职工生活环境，并可避免人和肉牛共患疫病的相互影响。

（2）管理区　管理区是肉牛场从事经营管理活动的功能区，与社会环境具有极为密切的联系，包括行政和技术办公室、饲料加工车间及料库、车库、杂品库、配电室、水塔、宿舍、食堂等。此区位置的确定，除考虑风向、地势外，还应考虑将其设在与外界联系方便的位置（图3-5）。

（3）生产区　生产区是肉牛场的核心区，是从事肉牛养殖的主要场所，包括肉牛舍、饲料调制和贮存的建筑物。在规划时这个区的位置，应有效利用原有道路，充分考虑饲料和生产资料供应、产品销售等，此区应设在肉牛场的中心地带。产供销的运输与社会联系频繁，为了防止疫病传播，场外运输车辆严禁进入生产区。除饲草料以外，其他仓库也应设在管理区。管理区与生产区应加以隔离，外来人员只能在管理区活动，不得进入生产区，应通过规划布局并采用相应的措施加以保证（图3-6）。

图3–5　牛场生活办公区

图3–6　生产区出入口
设立车辆消毒池和人员消毒更衣室

（4）隔离区　隔离区包括兽医诊疗室、病畜隔离舍等，应设在场区的下风向和地势较低处。该区应尽可能与外界隔绝，四周应有隔离屏障，如防疫沟、围墙、栅栏或浓密的乔灌木混合林带，并设单独的通道和出入口。此外，在规划时还应考虑严格控制该区的污水和废弃物，防止疫病蔓延和污染环境。

（5）粪污处理区　现代化肉牛场，必须设立粪污处理区。可设在场区下风向的地势低凹处，与生产牛舍保持50米以上的间距。根据情况，也可在场区外独立设置（图3-7）。粪污处理场要做到“三防”，即防溢流、防渗漏、防雨淋。规模肉牛场在粪污处理区可建沼气生产线，实现粪污的再利用（图3-8）。

图3–7　牛场粪污处理区（场外独立设置）

图3–8　规模肉牛场的沼气生产线

三、肉牛舍建筑设计

（一）肉牛舍建筑设计原则

修建肉牛舍要注意做到冬季防寒保暖，夏季防暑降温。要求墙壁、棚顶等结构导热性小，耐热，防潮。牛舍要求有一定数量和合适大小的窗户，保证有一定量的光线射入。牛舍饮水供应充足，冲洗消毒污水、粪尿容易排净，舍内清洁卫生，空气新鲜流通。

（二）肉牛舍类型

1.封闭式牛舍　封闭式牛舍分单列式和双列式，规模场应采用双列式或多列式，颈枷限位、就地饲槽饲养。

（1）单列式牛舍　舍内仅有一排牛床，特点是牛舍跨度小，容易建筑，适于小型牛场或放牧牛群的晚间补饲等（图3-9、图3-10）。

图3-9　单列式牛舍

图3-10　传统的单列式牛舍

（2）双列式牛舍　舍内设两排牛床，一般100头左右建一幢牛舍。又分对头式和对尾式饲养两类，对尾式中间为清粪道，两边各有一条饲喂通道；对头式即中间为饲喂通道，两边各有一条清粪通道（图3-11）。肉牛舍多采用对头式。

图3-11　双列式牛舍

2.半开放式牛舍　半开放式牛舍三面有墙，有顶棚；向阳一面敞开或有半截墙，春、夏、秋季敞开，有利于空气流通和防暑降温。寒冷地区冬季可将露天部分用塑料薄膜覆盖，形成全封闭式（图3-12、图3-13）。

图3-12　半开放式牛舍

图3-13　半开放式牛舍（冬季用塑料薄膜覆盖露天部分）

3.开放式牛舍　这种牛舍四周无墙，只有顶棚，通风好，但不利于冬季保暖，适合于冬季较暖的南方地区饲养肉牛（图3-14）。

4. 散栏饲养牛舍　散栏饲养舍即建筑大跨度牛舍，在舍内设立若干个散栏，牛在散栏内自由活动、自由采食、自由饮水。适用于规模养殖场（图3-15）。

图3-15　肉牛散栏饲养牛舍

图3-14　开放式牛舍（只有屋顶）

（三）牛舍主要建筑结构

1.地面 肉牛舍地面以建筑材料不同有夯实黏土、三合土（石灰：碎石：黏土为1 ：2 ：4)、水泥地、砖地、木质地面等。舍内地面从饲槽到粪尿沟应有1% ~ 2%坡度，以便肉牛尿顺利地集中到粪尿沟。①夯实黏土地面易于去表换新，造价低廉，但易潮湿和不便消毒，干燥地区可采用。②三合土地较夯实黏土地面结实，也不太坚硬，肉牛起卧较舒适，但不耐用，一般半年到一年就得维护一次，否则坑坑洼洼，不好打扫。③水泥地面保温性能不良、太坚硬，但结实耐用，便于清扫和消毒，冬季寒冷地区，肉牛卧在水泥地上由于体热损失快，使饲料利用效率下降，只宜在冬季气温不太低的地方使用（图3-16)。水泥地面切忌抹光，必须压上防滑纹，以有效地避免牛打滑。④砖地面、木质地面保暖，肉牛起卧感觉舒适，也便于清扫与消毒，但成本高，适合于寒冷地区。

2.墙 多采用土墙、砖墙等。土墙造价低，保温好，但易潮湿，不易消毒。墙越厚，保暖性能越强。

墙壁对于挡风御寒非常重要，尤其是御寒。

墙厚一般38 ~ 51厘米即可，即使投入较多的建筑材料，效果也不理想。当代牛舍的墙多采用砖墙，一般沿墙多为一砖厚，因为砖的长度为24厘米，工程上简称“二四”墙；山墙多为一砖半厚，即一砖的长度加另一砖的宽度，再加上缝隙37厘米厚，工程上简称“三七”墙。现代牛舍为减少建筑费用，沿墙仅建1米左右，其余部分设计为卷帘，夏季敞开，通风采光良好；寒冷时节以卷帘阻挡寒风，起到防寒保暖作用（图3-17)。

图3–16 牛舍内地面

图3–17 半沿墙卷帘式牛舍

3.舍顶　舍顶要求选用隔热保温性好的材料，并有一定厚度，结构简单，经久耐用。传统的棚式肉牛舍多用木椽、芦席，半封闭式肉牛舍屋顶多用水泥板或木椽、油毡等。目前牛舍舍顶多采用彩钢板，以夹有保温材料的双层彩钢板较好，具有隔热保暖功能，坚固耐用。肉牛舍屋顶用于遮阳、避雨雪和保温，按形式不同分有单坡式、单坡联合式、双坡式、钟楼式和半钟楼式等（图3-18）。

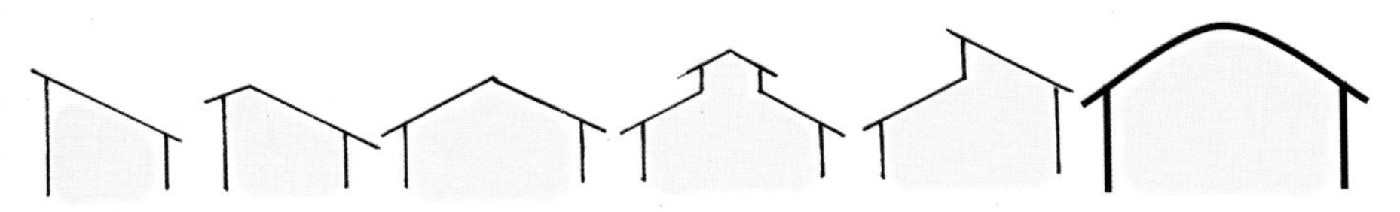

图3–18　各种舍顶模式

左起分别为单坡式、单坡联合式、双坡式、钟楼式、半钟楼式、拱形

（1）单坡式和单坡联合式　结构简单，可用轻质材料（石棉瓦、玻璃钢瓦、塑瓦等）和普通瓦，以架构作支撑，对材料要求低因而成本低，其坡度可视降雨程度而定。这类屋顶比较薄，因此保温隔热性能比较差，冬天气温低时室温通过屋顶损失较大，而夏天太阳晒透又使舍内闷热。可采用加设顶蓬或在顶瓦下面衬垫5 ~ 10厘米厚的工程用海绵来改善。单坡式适用于北方气温低、跨度小的肉牛舍，因为跨度大时屋前房后高度差太大，会增大砌墙材料的用量。

（2）双坡式　结构较复杂，除具有单坡式的优点外，还有利于大跨度，并节省砌墙材料。与单坡屋顶一样，可采取垫海绵和加天花板的方式提高保温效果，在瓦面上加防热板可提高防暑效果（图3-19、图3-20、图3-21、图3-22）。

图3–19　人字架构彩钢板半开放式牛舍

图3–20　拱形彩钢板屋顶牛舍

图3-21　人字架构、顶排风密闭式牛舍

（3）钟楼式和半钟楼式　屋顶有顶窗，夏天把顶窗打开时对流加强，舍内凉快；冬天关严顶窗，则对流停止，提高保温效果。在夏季气温高的地区可采用这种屋顶。

4.面积　肉牛舍的占地面积应根据肉牛群规模大小、性别、生理状况及当地气候等情况确定。一般以保持舍内干燥、空气新鲜，利于冬季保温、夏季防暑，动物舒适以及便于饲养作业为原则。

5.门和窗　肉牛舍门和窗一般设计为推拉式。沿墙门（供牛只出入以及舍内粪便外送）高2.0～2.2米、宽2.0～2.5米。牛舍长度超过30米时建议开设2道门或每20米长开1道门，方便肉牛的进出。山墙门（草料运送、饲喂机械进出），山墙位于牛舍两端，两端山墙均应开门，以方便机械在舍外回转（调头），山墙的门正对中央饲喂通道。门的大小以方便机械进出为原则，通常宽3～4米、高2.5～3.0米。牛舍窗户主要用于采光和通风换气，通常除门所在间外，每间均开窗户，两边沿墙对开窗户，有利于空气对流。在炎热地区还应设计天窗，以有利于夏季降温；北方地区冬季寒冷、西北风为主风向的地域，北沿墙上的窗户可适当小一些，南沿墙上的窗户适当大一点，以利于冬季保温。通常牛舍的窗户，高1.2米、宽1米，距地面1.2～1.5米高。

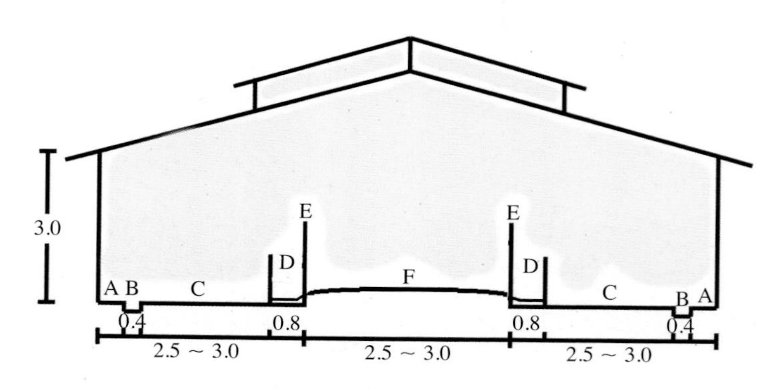

图3-22　双列式牛舍建筑示意图（单位：米）
A.清粪通道　B.粪沟　C.牛床　D.饲槽　E.拴系架　F.饲喂通道

（四）家庭牧场建设

家庭牧场仍然是我国肉牛养殖业的重要组成。家庭牧场即以家庭成员为主要员工，经营者既是投资主体，又是主要劳动者的中小型牧场。养殖规模较小，建筑布局可适当集中，可一舍多用，在舍内分区饲养（图3-23、图3-24）。

图3-24　家庭牧场牛舍建筑B

图3-23　家庭牧场牛舍建筑A

四、肉牛场设施

（一）舍内设施

1.食槽与颈枷　为适应机械化作业，肉牛饲槽多建成就地式，即饲槽底部略高于牛床，饲槽的外沿即为中央通道（饲喂通道）。槽道光滑无死角，便于机械投喂和清扫消毒。通常槽深10 ~ 20厘米、宽30 ~ 40厘米。采用颈枷限位取代传统的栓系架，可使牛低头吃草、仰头休息随意自如。左右栏杆起到限位作用，减免对旁边牛采食的影响。颈枷限位、就地饲槽与传统的高位饲槽栓系饲养设施相比，不仅有利于牛的自由采食，同时可降低栓系和清槽作业的劳动强度，特别是道槽一体，便于机械化作业和有效利用舍内空间，降低建筑成本（图3-25）。

图3-25　就地饲槽

2.饮水设施　水是牛必须的营养物质。牛的饮水量与干物质进食量呈正相关。肉牛场必须根据饲养规模设立相应的饮水槽，供给牛足够的清洁饮水。现代化肉牛场，为保证全天候、无限量、随时为牛提供新鲜、清洁的饮水，又要省工省时、节约水资源，多在栏舍内或运动场安装自动恒温饮水器（图3-26、图3-27）。

图3–26　运动场安装自动饮水器

图3–27　饮水槽

3.清粪设施　现代肉牛场为节省人工，降低劳动强度，可安装自动刮粪设施，使肉牛粪便从牛舍到粪污处理区完全机械化作业（图3-28）。

4.肉牛体表刷拭器　现代肉牛生产讲究动物福利，要求经常刷梳牛体，保持牛体表清洁卫生。规模养殖牛群体较大，传统的人工梳刮劳动量太大，因而设计出了牛体自动刷拭器，安装在运动场或散栏舍内，通过电子控制，牛体接触后便自动旋转，通过万向节的功能，可刷拭到牛体的各部位。牛体刷拭器又称牛用梳毛机（图3-29）。

图3–28　肉牛场自动刮粪设施

图3–29　牛体表刷拭器

（二）舍外设施

1.消毒池　一般在牛场或生产区入口处，便于人员和车辆通过时消毒。消毒池常用钢筋水泥浇筑，供车辆通行的消毒池长4米、深0.1米，其宽度最好与门相同，使之成为进出生产区的必经之路（见图3-30）。供人员通行的消毒池长2.5米、宽1.5米、深0.05米。消毒液应维持经常有效。人员往来必经的通道两侧可设紫外线消毒，而走道地面要经常保持有效的消毒药剂（图3-31）。

2.兽医室和人工授精室　兽医室一般设在牛场的下风向，或隔离牛舍附近，其建筑包括诊疗室、药房、化验室、办公值班室及病畜隔离治疗室，要求地面平整牢固，易于清洗消毒（图3-32）。

图3-30　车辆消毒池

图3-31　人员消毒通道

图3-32　牛场设立兽医室

人工授精室与兽医室最大的不同点是，兽医室是以兽医治疗为核心工作，存放常用药品和病牛治疗处置器械，接触的动物主要是病畜或亚健康个体。而人工授精室是以维护肉牛正常配种妊娠为主要工作的建筑设施，用于保存冷冻精液及其器械的消毒处理，接触与处理的动物多是健康个体。因而要分别设置，避免互相影响。人工授精室可设在生活管理区与繁殖母牛生产区之间，以方便观察牛群行为变化为原则，其建筑设施包括无菌室、器械消毒贮藏间、人工授精操作间等。

3.青贮窖及干草贮藏棚 青贮窖和干草棚一般建在牛舍的一侧，方便存取利用的场所。应远离粪尿污水池，其大小应根据肉牛的饲养量以及存贮周期长短而定（图3-33、图3-34）。

图3–34 简易干草棚

图3–33 青贮窖

干草棚的大小根据饲养规模、粗饲料的贮存方式、日粮的精粗比、容重等确定。一般情况下，切碎玉米秸的容重为50千克/米^3。在已知容重情况下，结合饲养规模、采食量大小，对草库大小做粗略估计。为节省草库建设面积和便于存取，通常把青干草打捆后进行存贮（图3-35）。

4.精饲料存贮与加工间 一般采用高平房，墙面应用水泥抹1.5米高，防止饲料受潮。安装饲料加工机组。加工室大门应宽大，以便运输车辆出入；门窗要严密，具备防鼠害、鸟害功能。大型肉牛场还应建原料仓库及成品库。饲料加工间内设原料贮存区、成品料贮存区和饲料加工区。饲料加工区安装饲料加工机组，依据生产规模和目标选用相应的机械设备（图3-36）。

图3-35　干草贮藏棚

图3-36　牛场饲料加工间

五、肉牛场常用机械

肉牛生产离不开相应的设备，规模化、集约化肉牛业更需要先进的生产设备。传统肉牛养殖业集约化程度低，生产设备落后，手工操作过程较多，生产成本较高。随着我国社会经济的发展，养牛工序也将逐渐实现机械化、自动化和现代化。肉牛生产设备种类繁多，常用设备主要有粗饲料加工利用机械以及草料混合饲喂机械。

（一）粗饲料加工机械

1.铡草机（切草机）　粗饲料加工机械应用最广泛的是各种型号的切草机。用来切短青干草、青绿饲草以及农作物秸秆。切草机的型号较多，一般制作青贮需要大型切草机，可缩短青贮的制作时间，保证青贮的制作质量。通常可用小型切草机，节约能源消耗（图3-37、图3-38、图3-39、图3-40）。

图3-37　9Z-2.5型铡草机

图3-38　9Z-9A型铡草机

图3-39　9Z-6A型铡草机

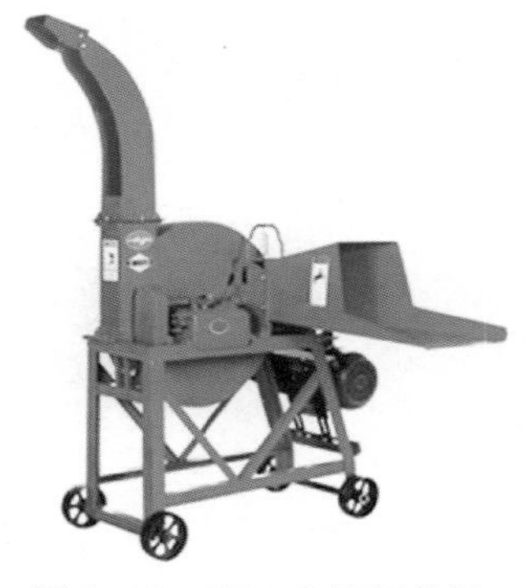

图3-40　9Z-4C型铡草机

2.揉搓机　对于茎秆粗硬的牧草或作物秸秆，为提高其动物进食量，可采用揉搓机，将其揉搓成丝状，以利动物采食，减少资源浪费（图3-41、图3-42）。

图3-41　上出草揉搓机

图3-42　下出草揉搓机

（二）牧草收获机械

牧草和秸秆的收获机械种类较多，有翻晒搂草机、打捆机等，也有联合一体机。可根据牛场饲养规模和投资实力具体选用。

1.割草机　割草机是收割牧草的专用设备，分为往复式割草机和旋转式割草机两种。无论哪种割草机，都应具备下列条件：切割器尽量接近地面，割茬高度应低于5厘米；切割器遇到障碍物时，能迅速（1 ～ 2秒内）升高或偏转，有安全保护装置；切割器要锋利，并具有一定的切割速度。一般往复式割草机机型较大，适用于规模较大的肉牛场或牧草生产基地，家庭牧场可选用小型旋转式割草机（图3-43、图3-44）。

图3–43　往复式割草机

图3–44　小型旋转式割草机

2.翻晒搂草机　牧草割倒后，可直接运送到牛场进行饲喂。为了全年均衡使用，多用于晒制干草。为省工省时，多在田间晒制，这就需要翻晒搂草机械，使其尽快脱水干燥（图3-45）。

3.牧草捡拾打捆机　在牧草脱水达到可贮存阶段，通过机械捡拾打成草捆，便于运输和贮藏（图3-46）。

图3–45　翻晒搂草机

图3–46　牧草捡拾打捆机

4.青贮饲料作物联合收割机 大型肉牛场多使用联合收割机，将收获、铡切以及装车等作业一次完成。由主机、矮秆青饲作物收割台和高秆青饲作物收割台三部分组成。可收获大麦、燕麦、苜蓿、玉米、高粱等饲料作物。作业时由拖拉机牵引，后方挂接拖车，可一次完成饲料作物的收割、切碎、抛送作业。拖车装满后，可用拖拉机运往贮存地点。

牧草收获的集成作业，省工省时，可在牧草的最佳生育期（物候期）收获利用，但一次投资较大，同时要求牧草基地的面积较大（图3-47、图3-48）。

图3–47 青贮玉米收获与铡切一体机

图3–48 青贮玉米收获与铡切一体机作业

肉牛

第四章 肉牛的饲养管理

一、牛消化系统解剖与生理特点及牛采食行为特征

牛的消化器官包括口腔、咽、食管、瘤胃、网胃、瓣胃、皱胃、十二指肠、空肠、回肠、盲肠、结肠、直肠、唾液腺、肝脏和胰腺等(图4-1)。

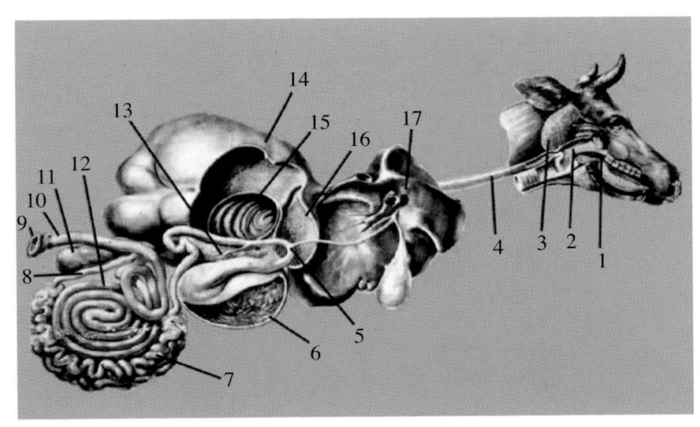

图4-1 牛消化器官模式图

1. 口腔 2. 咽 3. 唾液腺 4. 食管 5. 十二指肠 6. 皱胃 7. 空肠 8. 回肠 9. 肛门 10. 直肠 11. 盲肠 12. 结肠 13. 胰腺 14. 瘤胃 15. 瓣胃 16. 网胃 17. 肝脏

(一)牛的采食特性

口腔是牛的采食器官,口腔器官有唇、颊、舌、硬腭、软腭、齿等(图4-2)。牛没有上切齿、唇短厚、舌发达、口腔两侧颊乳头发达。牛没

有上切齿，代之以角质化的齿垫，下切齿表面覆盖致密的齿釉质，采食时靠下切齿咬合到角质齿垫来切断牧草。牛唇短厚，对采食牧草的辅助作用很小，这一点与羊和马有很大差别，羊和马的唇灵活，是采食的重要器官。不足10厘米的野草牛采食很困难。牛的舌发达、肥厚，舌表面粗糙，是重要的采食器官；牛口腔两侧的颊黏膜上有发达的顶端向后的颊乳头，利于牛对牧草的快速采食。综合这些解剖特征，决定了牛的采食生理特点，当牧草茂盛、适口性好时，牛的采食速度快，咀嚼不充分即快速咽下。进食的东西很难吐出，所以常见牛把不能吃的金属丝、钉、玻璃等咽入胃中，导致创伤性网胃炎、心包炎和腹膜炎等疾患。通常牛一天有4个采食高潮，总采食时间约6小时。所以饲养管理中牛的采食时间也应在6小时左右。日喂3次较日喂2次可提高采食量18%。

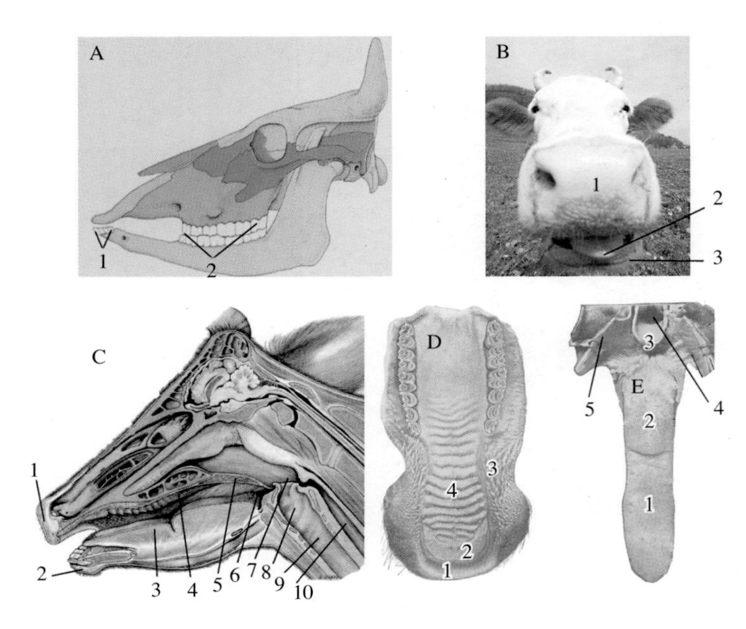

图4–2　牛口腔结构

A. 牛齿　1. 切齿　2. 臼齿

B. 牛唇　1. 牛鼻唇镜（牛上唇与鼻连在一起称鼻唇镜）　2. 牛舌　3. 牛下唇

C. 牛口腔切开　1. 上唇　2. 下唇　3. 舌　4. 硬腭　5. 软腭

6. 咽峡　7. 咽　8. 喉　9. 气管　10. 食管

D. 牛硬腭　1. 上唇　2. 齿垫（牛无上切齿）3. 颊乳头　4. 硬腭腭褶

E. 牛舌　1. 舌尖　2. 舌体　3. 会厌　4. 喉口　5. 软腭

（二）牛的反刍

牛采食时未经充分咀嚼即咽下，经过一段时间后，瘤胃中未充分咀嚼的长草重新返回到口腔，再精细咀嚼，这一过程叫反刍，因而牛又称为反刍动物。牛每天反刍6～10次，每次30～50分钟。牛每天采食要消耗大量能量，对饲草进行适当加工，可节省牛的能量消耗（图4-3）。

反刍是牛的重要消化过程，因而每天必须给牛留出充分的反刍时间，方可保证消化的正常进行。

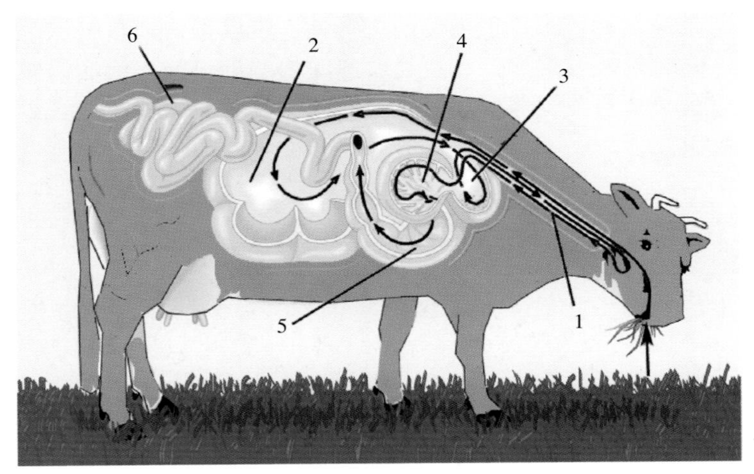

图4–3　牛的采食与反刍模式图

1. 食管　2. 瘤胃　3. 网胃　4. 瓣胃　5. 皱胃　6. 肠管

箭头指示采食与反刍路线模式

（三）牛的嗳气

牛在瘤胃消化过程中，产生大量二氧化碳，并混有甲烷、氨、硫化氢等气体，必须及时排出，否则这些气体积聚，使瘤胃内压力上升，妨碍瘤胃壁的血液循环，使瘤胃迟钝、嗳气困难，会导致瘤胃臌胀，轻者干扰牛的消化，严重时可造成牛死亡。

牛的胃有四个，即瘤胃、网胃、瓣胃、皱胃，其中皱胃相当于猪、犬、猫等的胃，瘤胃、网胃和瓣胃主要有贮存、加工食物，参与反刍和进行微生物消化等功能。牛的瘤胃体积很大，成年牛瘤胃容积可达

150 ~ 200升，甚至更大。瘤胃可看作是一个大发酵罐。瘤胃内环境非常适宜微生物的繁殖和生长，瘤胃微生物包括纤毛虫和细菌等，分解纤维素、淀粉和蛋白质等营养物质，产生大量单糖、双糖、低级脂肪酸、合成B族维生素及维生素K等，这些微生物还可以利用饲料中的非蛋白氮合成微生物自身蛋白质，最后这些微生物随食团进入小肠被小肠消化、吸收，作为牛体蛋白质的来源。鉴于此，牛不宜经口服的方式服用抗生素，否则对瘤胃微生物不利，影响牛的消化机能。

牛对粗饲料的消化利用率高，主要依赖于牛瘤胃中的微生物，因而要养好牛，首先是要保证瘤胃微生物的正常发酵。给瘤胃微生物创造适宜的发酵条件，就要求日粮供给的均衡性，也就是说，草料供给要保持一致性，同时投喂要规律，在更换草料时要逐渐过渡，给瘤胃微生物一个适应过程。草料或饲养程序（饲喂时间、次数）突然改变会影响到牛的消化机能。

二、肉牛的饲养管理

肉牛的饲养方式有三种，即放牧饲养、舍饲饲养和半放牧半舍饲饲养。

（一）肉牛的放牧饲养

在草原和农区的草山、草坡有丰富的牧草资源，适宜肉牛的放牧饲养。

放牧饲养的优点：放牧牛采食牧草的种类较多，营养价值较为全面，能维持肉牛的基本需要，降低饲养成本，同时可以减少舍饲劳动力和设施的开支，且放牧有利于牛增强体质、提高抗病力、降低繁殖母牛的难产率等。

放牧饲养的缺点：由于放牧践踏草地，对牧草的利用率较低，且放牧受气候因素的影响较大，尤其是冬季牧草干枯、气候寒冷等条件下不宜放牧。

放牧牛群的规模：山区放牧肉牛群体不宜过大，一般以20 ~ 30头为宜；草原地区可以50 ~ 100头为一群（图4-4）。

每天放牧的时间与牧草的茂盛程度，也就是草场质量（牧草的密度、高度）以及所处的物候期密切相关，可以每天放牧7小时或全天放牧。

图4–4　放牧牛群

1. 肉牛的春季放牧　春季天气变暖，牧草开始返青。而放牧肉牛的牧草需要有一定的高度。一般在牧草长到10厘米左右时可开始放牧。华北地区多在晚春季节才能放牧牛群。

由于牛在整个冬季枯草期长久没有吃到青草，一旦到了返青的草地上，总是咬两口就跑向前吃前边的，然后再咬两口再吃前边的，结果就一直向前跑一直吃不饱，这称“跑青现象”。所以，可以等待牧草高于10厘米时再开始放牧。

春季刚开始放牧时，因饲料骤变、采食过多青草的牛易发生青草搐搦、臌胀或水泻等疾病，为减少这些情况的发生，在从牧食枯草转为牧食青草时应控制放牧时间，头2 ～ 3天每天放牧2 ～ 3小时，回圈后补饲粗饲料，以后逐渐延长放牧时间。

由舍饲转为放牧青草的过渡时间以15天左右为宜。

2. 肉牛的夏季放牧　夏季牧草生长茂盛、营养丰富，是放牧的大好时期。采食充分时，各种不同生理状态的牛群都能从牧草中得到足够的营养。此时应到远离村庄的地方或上山放牧，到距离牛场较远的草场，可在放牧地设立临时牛圈，以便就地休息，减少牛出牧行走所消耗的营养。牛场周围和河谷地带不放牧，以利于牧草充分生长，刈割制作青贮或晒制干草，贮存备冬，在冬季牧草不足时使用。

夏季炎热的地区，当气温30℃以上时，会严重影响牛的采食和健康。放牧尽量安排在早晚进行，炎热的中午可将牛赶到林荫下休息、反刍。放牧可安排在背阴草坡，避免牛群受到热害（图4-5、图4-6）。

图4–5 夏季炎热时牛群在林荫下放牧或休息

图4–6 炎热时节早晚放牧

为保护草场，可安排划区轮牧。即把可利用的放牧地分成几个小区，每个小区放牧一定时间，其时间长短根据放牧牛群规模和小区面积、牧草产量而定。一般每个放牧小区，可放牧10天，休牧20天～30天。这样可防止过度放牧而导致草场退化。划区轮牧也利于提高牛的采食效率。

夏季清晨牧草往往露水较大，牛采食带有露水的豆科牧草易发生瘤胃臌胀，特别是牧食苗期幼嫩的紫花苜蓿时，应注意加强防范。

牧草中缺乏食盐，可在放牧地设立补饲槽，放置食盐或营养舔砖，供牛自由采食，用以补充食盐和矿物质的不足。

3. 肉牛的秋季放牧 秋季气温逐渐下降，秋高气爽，牧草开花结籽，茎叶开始老化。

一般牧草种子体积很小、壳坚硬，不易被牛消化利用，尽管此时牧草品质总体不如夏季，但秋季气候凉爽，牛的食欲增加，消化能力改善，是增膘的良好时机。应充分利用这一时期的特点，让牛充分采食，抓好秋膘，以利过冬。秋季昼夜温差较大，当夜间温度接近于0℃时，应停止放牧。

图4-7　肉牛河谷放牧

远离牛场的牛群和在山上放牧的牛群逐渐向牛场方向回归。北方当年春夏季出生的犊牛，应在入冬前断奶。断奶犊牛从牧牛群分出，单独组群饲养，以便其在入冬之前习惯独立生活。

不足90日龄的犊牛，可待90日龄时再断奶。

图4-8　放牧地要有足够的水源

4. 肉牛冬季放牧饲养　南方地区冬季枯草期较短，且气候温和，适宜放牧。

北方地区冬季气温较低，野草枯萎、营养价值下降，放牧牛散热较多，单靠放牧难以满足所需营养，得不偿失。尤其天气寒冷时最好不要放牧。

冬季放牧应在天气晴好，选择草多的干地、阳坡等背风暖和的地方放牧。并应迟出牧、早回圈，大风、雪天、严寒等停牧，留圈舍中补饲。冬季补饲要注意补充粗蛋白和维生素含量丰富的饲料。

5. 肉牛放牧饲养应注意的问题

（1）在远距离草场搭建临时棚舍　不要让牛走太远的距离，以减少牛因行走而造成的能量消耗。到远离牛场的山上或草原放牧时应搭建临时牛圈，以备牛遮风挡雨和中午及夜晚休息之用。

（2）做好划区轮牧计划 做好分区轮牧和禁牧，充分利用草地资源，防止草场因过度放牧而退化；有意留一些禁牧地，以便牧草有开花结籽的机会，有利于草场更新复壮。

（3）清除草场毒草 转移到新的生长茂盛的牧地之前，应把该牧地的有毒牧草清除，如瑞香狼毒、蕨菜、洋金花等。

（4）携带急救箱，做好应急准备 出牧时应携带蛇药及常用外伤止血药、急救药，带好防雨器具。雨季放牧应避开易发山洪的地方，做好防雷电的准备。

（5）缓慢行进，杜绝事故发生 出牧和回牧都不要赶牛过急，避开陡坡、险道，避免发生滚坡事件。

（6）及时进行发情母牛的人工授精 春末夏初是牛群发情较为集中的时期，牛群放牧地应与人工授精站或交通线靠近，以便给发情母牛及时进行人工授精。利用本交自然繁殖的牛群，可按每20 ～ 30头母牛配备一头公牛的比例组群，繁殖季节过后将公母牛分开饲养。

（7）补饲食盐及矿物质 放牧牛应补喂食盐，可在饮水处附近放置食盐、舔砖等，让牛饮水前后自由舔食食盐或复合矿物质盐砖（图4-9）。

图4–9 放牧地搭建临时休息栏，设置矿物质补饲槽放置盐砖舔块

（8）预产牛的呵护 临近预产期的母牛，应留圈补饲，不宜放牧。带犊母牛必须母子同群放牧，切不可母牛放牧，犊牛留圈，否则母牛恋犊，不能集中精力吃草；且放牧时间长，母牛乳房内压增大，会影响乳汁分泌，不利于犊牛生长。

（二）肉牛的舍饲圈养

舍饲是在圈舍内饲养肉牛的一种饲养方式，主要见于缺乏放牧条件的地区。与放牧饲养相比，舍饲可根据肉牛的生理阶段和健康状况给予不同的饲养管理，减少饲草料的浪费，同时不受气候等自然条件的影响，减少行走、气候变化的营养消耗，具有提高饲料利用率和快速育肥的优势。其缺点是需要大量饲料、设施与人力等的开支，饲养成本加大。

舍饲饲养基本方式有两种。

1.拴系饲养　每日定时上槽拴系于槽前饲喂，饲喂后牵出拴系处于户外休息（图4-10、图4-11）。由于牛采食、饮水、活动都需要人工管理，投工较多。

图4-10　拴系牛群

图4-11　农家肉牛拴系饲养

2.围栏饲养　采用散放方式，将牛散放于牛栏中，在宽阔的牛舍内用栏杆间隔散栏，同时设立饮水槽、食槽，让牛自由采食饲草料、自由饮水、自由活动。散栏饲养可充分体现动物福利，圈中搭建简易牛棚、饲槽、草架、水槽等，保证粗饲料供应充分。肉牛的采食时间充足，饮水充分，并充分利用了肉牛的竟食性，能提高饲料利用率，充分发挥其生长发育的潜力，同时节省人工。

（三）肉牛的半放牧半舍饲饲养

半放牧半舍饲是将放牧与舍饲相结合，是肉牛生产中常见的经济有效的饲养方式。半放牧半舍饲分两种情况：①放牧加补饲的形式，亦即在具备草场但草场牧草稀疏或面积有限的地区，采取白天放牧，归牧后补饲草料，以满足牛生长发育或囤肥的营养需要。②在不同季节采取不同的饲养方式，多在北方地区，采取夏秋季节放牧（图4-12），充分利用天然草场的青绿牧草，满足牛的营养需要，降低生产成本，而在牧草枯萎、天气寒冷的冬春季节进行舍饲管理，保证牛群的营养供给和生产性能的发挥。

图4-12　肉牛夏秋季节草地放牧

两者相结合是肉牛生产的最佳方式，即根据不同季节牧草生产的数量和品质以及肉牛群的生理阶段，确定每天放牧时间的长短和在舍内饲喂的数量。一般夏秋季节各种牧草生长茂盛，放牧可以满足牛的营养需要，可以不补饲或少补饲。冬春季节牧草枯萎、量少质差，放牧牛不能获得足够营养（图4-13），必须补饲草料。而在冬季严寒的北方地区，牧草质量差、数量少，放牧牛群体能消耗大，仅采食牧草营养将入不敷出，因而冬春季节舍内饲养是最佳选择。

图4-13　肉牛冬季就近放牧（茬子地放牧）

三、不同生理阶段肉牛的饲养

（一）肉牛饲养的一般要求

饲料品种要多样化，并合理搭配，以满足肉牛生长发育、繁殖、囤肥等的需要。肉牛日粮应相对稳定，进行饲料转换时要有1周左右的逐渐过渡期。根据季节变化和肉牛的营养体况及时调整饲料原料和供给量。饲养过程宜少喂勤添，做到既满足肉牛生长需要，又减少饲料浪费。做好肉牛群槽位的安排，做到既发挥肉牛竞争抢食的食性，又防止弱小牛吃不饱而影响生产性能的发挥。

（二）妊娠母牛的饲养管理

妊娠母牛不仅本身生长发育需要营养，而且要满足胎儿生长发育的营养需要和为产后泌乳进行营养贮积。应加强妊娠母牛的饲养管理，使其能正常产犊和哺乳。妊娠的前6个月胎儿生长速度缓慢，胎儿重量的增加主要发生在妊娠的后3个月，需要从母体获得大量营养。如果母牛营养供给不足，会影响犊牛的初生重、哺乳犊牛的日增重及母牛的产后发情；营养过剩又会使母牛过胖，影响繁殖和健康，甚至导致难产。因此，妊娠母牛要求保持健康体况，一般中等膘情即可。头胎母牛尤其应该防止因胎儿过大而诱发难产（图4-14）。

图4–14　肉牛繁殖母牛群

1.妊娠母牛的饲养　在整个妊娠期，应喂给母牛平衡的日粮，从妊娠第7个月起，应加强饲养，对中等体重的妊娠母牛，应补加草料，但不可将母牛喂得过肥，以免影响分娩。放牧饲养的牛群，在春季由于维生素A缺乏，分娩、胎衣排出和泌乳易受影响，应特别注意维生素A的补充，可补饲胡萝卜或直接喂维生素A添加剂。同时注意微量元素和矿物质的补充。

体重350 ～ 450千克的妊娠母牛，根据放牧和舍饲营养状况，每天补充精料1.0 ～ 2.0千克。

精料参考配方：玉米51%、饼粕类21%、麸皮24%、石粉1%、食盐1%、微量元素预混料1%、维生素预混料1%。

2.妊娠母牛的管理 妊娠母牛应做好保胎工作，禁止饲喂发霉、变质和冰冻的饲草料，禁止饮用冰渣水，冬季饮水温度不低于10℃。妊娠母牛应有适当的运动，牛舍、运动场不能太拥挤，防止顶撞、急跑等机械性刺激引起母牛流产。

（三）围产期母牛的饲养管理

牛的围产期指临产前15天到分娩后15天。临产前15天称围产前期，分娩后15天称围产后期，围产期的饲养管理直接关系到犊牛的正常分娩、母牛健康及产后生产性能的发挥，除一般饲养管理外，应做好产前产后的护理工作。

1.母牛围产前期的饲养管理 注意观察母牛临产症候的出现，做好接产准备；母牛临产前1周会出现乳房肿胀，应减少糟渣类饲料的供给，临产前2 ～ 3天日粮中增加麦麸的比例，以增加饲料的轻泻性，防止便秘；适当补充维生素A、维生素D、维生素E和微量元素，对产后子宫恢复，提高产后受胎率有良好的作用。

2.母牛围产后期的饲养管理 由于母牛分娩过程体力消耗大、水分丢失多、体力差，应喂给分娩后母牛温热益母草麸皮盐水（益母草汁250克、麸皮1.5千克、食盐0.1千克、碳酸钙0.05千克、水15千克），并给以优质干草，以补充水分、促进体力恢复和胎衣排出。产后1周的母牛，不宜饮冷水，水温宜在30℃左右，以后逐渐降至常温。注意母牛产后监护，注意胎衣是否完全排出，做好外阴部和环境清洁消毒工作。

（四）哺乳母牛的饲养管理

哺乳期母牛的主要任务，一是多产奶，以保证犊牛的生长发育所需；二是促进母牛产后及早发情、配种受孕。哺乳母牛应保持中等偏上水平的体况，提高日粮营养水平，特别注意选择优质粗饲料，并根据母牛体况和饲草品质，决定精料的补充量。

哺乳母牛精料补充料参考配方：

玉米50%、麸皮20%、饼粕类25%、石粉1%、磷酸氢钙1%、微量元素预混料1%、维生素预混料1%、食盐1%。

350 ~ 450千克的哺乳母牛精料补充料每天的补充量2 ~ 3千克。

哺乳母牛的管理应注意保证运动量，提高体质，促进产后发情。规模肉牛繁育场，应实行母、犊隔离，定时合群哺乳。产后40天左右，开始观察母牛发情状况，及时检出发情母牛，实施人工授精（图4-15、图4-16）。

图4-15　母牛的发情鉴定

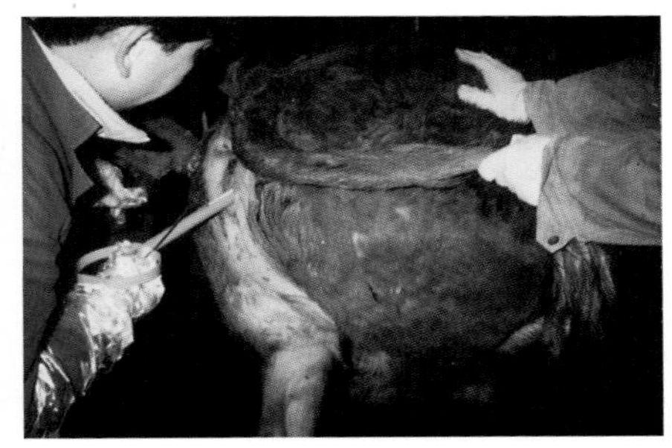

图4-16　发情母牛的人工授精

（五）犊牛的饲养管理

犊牛指初生到断奶的牛，肉犊牛一般5 ~ 6月龄断奶。为提高母牛的繁殖产犊率，生产中可采用100日龄的早期断奶。6月龄以前的小牛，仍然称作犊牛。

1.初生犊牛的护理　初生期是犊牛由母体内寄生生活方式转变为独立生活方式的过渡时期。生活方式以及所处环境发生了巨大的变化。这一时期犊牛的消化器官尚未发育健全，瘤网胃只有雏形而无功能，缺乏黏液，消化道黏膜易受微生物入侵。犊牛的抗病力、对外界不良环境的抵抗力、适应性以及调节体温的能力均较差，所以新生犊牛易受各种病菌的侵袭而引起疾病甚至死亡。因而，初生期的护理工作相当重要。

（1）清除新生犊牛体表黏液　犊牛娩出后，要尽快擦除鼻腔及体表黏液。一般正常分娩，母牛会及时舔去犊牛身上的黏液，这一行为具有刺激犊牛呼吸和加强血液循环的作用。而特殊情况下，则需人工用清洁毛巾擦除犊牛身上的黏液，同时注意给犊牛保温，尤其要注意及时擦去犊牛口鼻中的黏液，防止呼吸受阻。若已造成呼吸困难，要尽快使其倒挂，并拍打胸部，使黏液排出，呼吸畅通（图4-16、图4-17）。

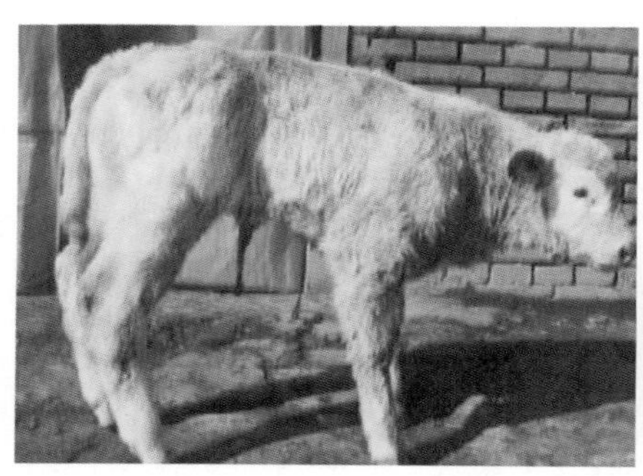
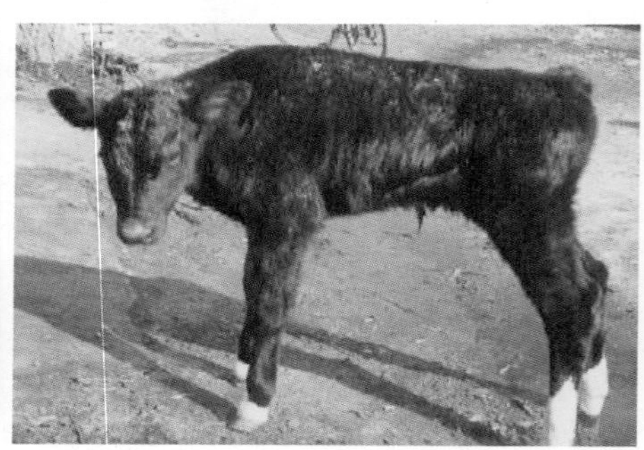

图4–17　新生犊牛

（2）断脐与脐带处理　通常情况下，随着犊牛的娩出，脐带会自然扯断。出现脐带未扯断时，要用消毒剪刀在距犊牛腹部6 ～ 8厘米处剪断脐带，将脐带中残留的血液和黏液挤净，采用5%～ 10%碘酊药液浸泡消毒2 ～ 3分钟。但不要将药液灌入脐带内，以免因脐孔周围组织充血、肿胀而继发脐炎。断脐不要结扎，以自然脱落为好。

初乳是指母牛分娩后7天内分泌的乳汁。初乳的营养丰富，尤其是蛋白质、矿物质和维生素A的含量比常乳高。在蛋白质中含有大量的免疫球蛋白，对增强犊牛的抗病力具有重要作用。初乳中镁盐较多，有助于犊牛排出胎粪。初乳中还含有溶菌酶，具有杀灭各种病菌的功能，同时初乳进入犊牛胃肠后，具有代替胃肠壁黏膜的作用，可阻止细菌进入血液。初乳可促进胃肠机能的早期活动，分泌大量的消化酶。从犊牛本身来讲，初生犊牛胃肠道对母体原型抗体的通透性在生后很快开始下降，约在18小时就几乎丧失殆尽。在此期间如不能吃到足够的初乳，对犊牛的健康会造成严重的威胁。犊牛出生后应在0.5 ～ 2.0小时内吃上初乳，方法是在犊牛能够自行站立时，让其接近母牛后躯，吸食母乳。对个别体弱的犊牛可采取人工辅助，挤几滴母乳于洁净手指上，让犊牛吸吮其手指，而后引导其到母牛乳头助其吮奶。为保证犊牛哺乳充分，应供给母牛充分的营养（图4-18、图4-19）。

图4-18　犊牛尽早哺食初乳

图4-19　犊牛的定时哺乳管理

2. 及早补饲草料　犊牛的消化与成年牛显著不同，初生时只有皱胃中的凝乳酶参与消化过程，胃蛋白酶作用很弱，也无微生物存在。到3～4月龄时，瘤胃内纤毛虫区系才完全建立。大约2月龄时开始反刍。传统的肉用犊牛的哺乳期一般为6个月。而最近研究证明，早期断奶可以显著缩短母牛产后发情的间隔时间，使母牛早发情、早配种、早产犊，缩短产犊间隔，提高母牛的终生产犊量和降低生产成本。另外，由于西门塔尔改良牛产奶量高，所以在挤奶出售的情况下，实行犊牛早期断奶，可增加上市鲜奶数量，获取较大经济效益。实行犊牛早期断奶，及早补饲至关重要。早期喂给犊牛优质干草和精料，促进瘤胃微生物的繁殖，可促使瘤胃的迅速发育以及消化机能的及早形成。

从1周龄开始，在牛栏的草架内添入优质干草（如豆科青干草等），训练犊牛自由采食。20日龄时开始补喂犊牛料和青绿牧草、胡萝卜等，以促进犊牛瘤网胃发育。

3. 犊牛的管理

（1）犊牛管理要做到“三勤”“三净”和“四看”

1）“三勤”　即勤打扫、勤换垫草、勤观察。并做到“三观察”，即哺乳时观察食欲、运动时观察精神、扫地时观察粪便。健康犊牛一般表现机灵，眼睛明亮、耳朵竖立、被毛闪光，否则就有生病的可能。

2）“三净”　即饲料净、畜体净和工具净。

3）“四看”

①看食槽：犊牛没吃净食槽内的饲料就抬头慢慢走开，说明喂料量

过多；如食槽底和槽壁上只留下像地图一样的料渣舔迹，说明喂料量适中；如果槽内被舔得干干净净，说明喂料量不足。

②看粪便：犊牛排粪量日渐增多，粪条比吃纯奶时质粗稍稠，说明喂料量正常。随着喂料量的增加，犊牛排粪时间形成新的规律，多在每天早、晚两次喂料前排便。粪块呈无数团块融在一起的叠痕，像成年牛牛粪一样油光发亮但发软。如果犊牛排出的粪便形状如粥样，说明喂料过量；如果犊牛排出的粪便像泔水一样稀，并且臀部沾有湿粪，说明喂料量太大或料水太凉。要及时调整，确保犊牛代谢正常。

③看食相：犊牛对固定的喂食时间10多天就可形成条件反射，每天一到喂食时间，犊牛就跑过来寻食，说明喂食正常。如果犊牛吃净饲料后，向饲养员徘徊张望，不肯离去，说明喂料不足。喂料时，犊牛不愿到槽前来，饲养员呼唤也不理会，说明上次喂料过多或有其他问题。

④看肚腹：喂食时如果犊牛腹陷很明显，不肯到槽前吃食，说明可能受凉感冒或患了伤食症；如果犊牛腹陷很明显，食欲反应也强烈，但到食槽前只是闻闻，一会儿就走开，说明饲料变换太大不适口或料水温度过高过低；如果犊牛肚腹膨大，不吃食说明上次吃食过量，可停喂一次或限制采食量。

（2）犊牛的一般管理

①防止舐癖：犊牛与母牛要分栏饲养，定时放出哺乳（图4-19）。犊牛最好单栏饲养，10周龄后就在犊牛栏内放置优质青干草，让其自由咀嚼，预防舐癖的形成。对于已形成舐癖的犊牛，可在鼻梁前套一小木板或皮片来纠正。犊牛要有适度的运动，随母牛在牛舍附近牧场放牧，放牧时适当放慢行进速度，保证休息时间。

②做好定期消毒：冬季每月至少进行一次消毒，夏季每10天一次，用苛性钠、石灰水或来苏儿对地面、墙壁、栏杆、饲槽、草架全面彻底消毒。

③称重、编号和体尺测量：称重应按育种和实际生产的需要进行，一般在初生、6月龄、周岁、第1次配种前分别称重。在犊牛称重的同时，进行编号、测量体尺、注册登记、戴耳标（图4-20、图4-21、图4-22）。

④去角：去角是为了方便管理。一般在犊牛生后5 ~ 7天内进行。去

角有两种方法。一是固体苛性钠法，二是电烙法。电烙器去角便于操作，即将专用电烙器加热到一定温度后，牢牢地按压在角基部直到其角周围下部组织为古铜色为止。一般烫烙时间15 ～ 20秒。烙烫后涂以青霉素软膏即可（图4-23）。

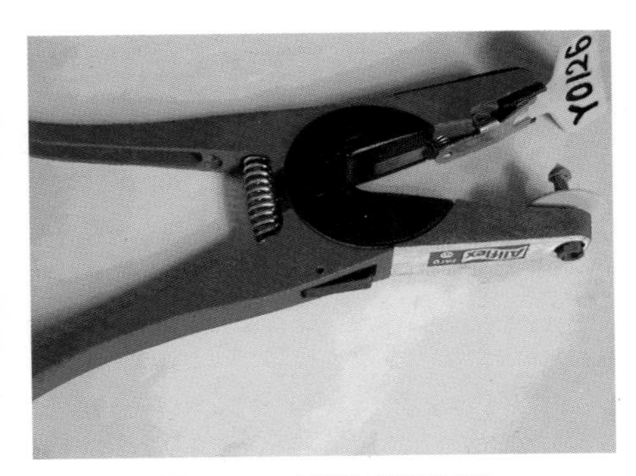

图4–20　耳号钳和耳号

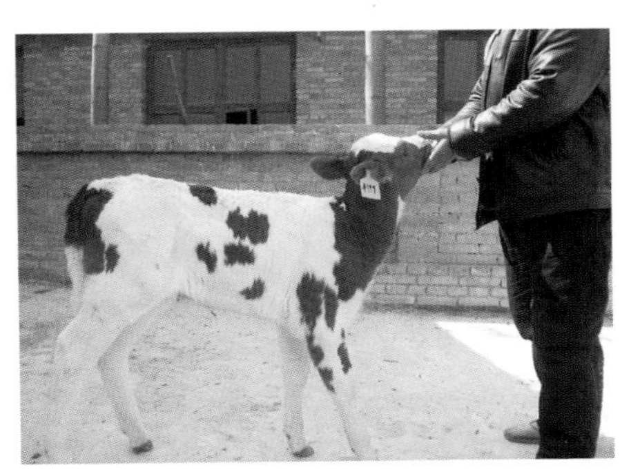

图4–21　犊牛戴耳标

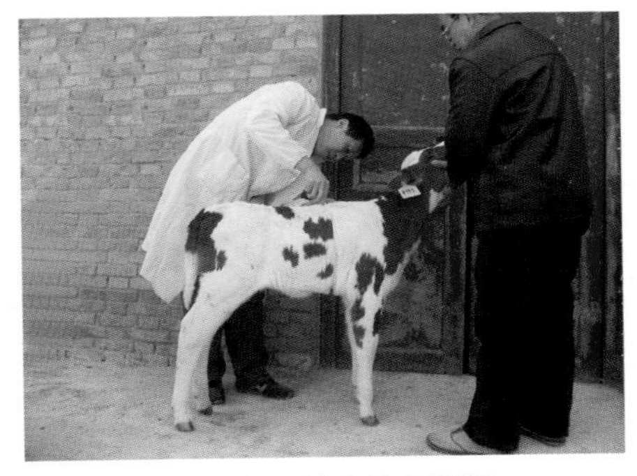

图4–22　犊牛体尺测量

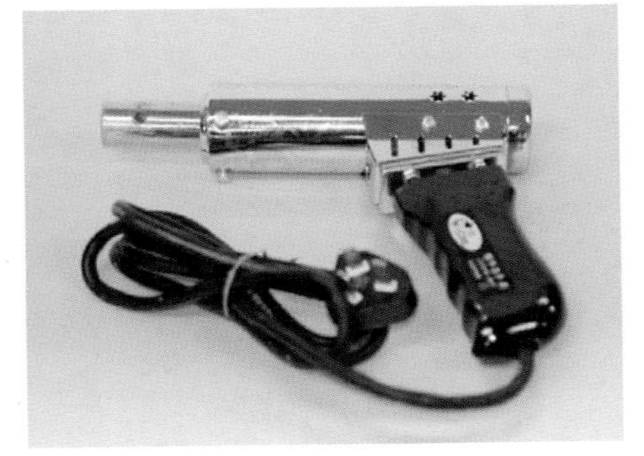

图4–23　犊牛电烙去角器

⑤去势：如果是专门生产小白牛肉，公犊牛在没有出现性特征之前就可以达到市场收购体重，因此，不需要对牛进行阉割。进行成牛育肥生产，一般小公牛3 ～ 4月龄去势。阉牛生长速度比公牛慢15% ～ 20%，而脂肪沉积增加，肉质量得到改善，适于生产高档牛肉。阉割的方法可采用手术法、去势钳、锤砸法和注射法等。

（六）后备母牛的饲养管理

母犊牛从出生到第一次产犊前统称为后备母牛。后备牛包括犊牛、育成牛和初孕青年牛。也可把后备牛分为犊牛和育成牛。育成牛又分为育成前期牛和育成后期牛，育成后期牛又称青年牛。

牛源紧张是肉牛产业发展的瓶颈之一，原因是生产中不重视能繁母牛的培育，造成能繁母牛数量少。要保证优质能繁母牛的数量，必须重视后备母牛的培育及其饲养管理。

目前我国肉用繁殖母牛的主体是本地黄牛和杂交母牛（主要有西杂牛和夏杂牛、利杂牛等）以及少量的地方良种牛。

后备母牛的选定一般在犊牛断奶后，选择生长发育良好、体质结实的母犊牛培育繁殖母牛。

1.后备母牛的饲养 后备母牛的消化机能基本健全，可以大量利用山坡草地的牧草或农业生产的农作物秸秆等农副产品作为基本日粮，以节约培育成本，增加经济效益。后备母牛需要一定的生长速度，在适配月龄时体重应达到成年体重的70%，即300 ～ 350千克。通常18月龄进入配种妊娠阶段，以此计算，育成阶段应保持日增重0.6千克以上。

后备母牛的每日营养需要量参照肉牛饲养标准 (NY/T815—2004)，见表4-1。

表4-1 后备母牛每日的营养需要

体重（千克）	日增重（千克）	日粮干物质（千克）	粗蛋白（克）	维持需要（兆焦）	增重净能（兆焦）	钙（克）	磷（克）	胡萝卜素（毫克）
150	0	2.66	236	13.80	0.00	5	5	18.5
	0.6	3.91	507		3.03	22	11	22.0
	0.8	4.33	589		4.36	28	12	23.5
200	0	3.30	293	17.12	0.00	7	7	21.5
	0.6	4.66	555		4.04	22	12	26.5
	0.8	5.12	631		5.82	28	14	30.0
250	0	3.90	346	20.24	0.00	8	8	24.5
	0.6	5.37	599		5.05	23	13	31.5
	0.8	5.87	672		7.27	28	15	37.5
300	0	4.46	397	23.21	0.00	10	10	36.0
	0.4	5.53	565		3.77	18	13	34.5
	0.8	6.58	715		8.72	28	16	42.0
350	0	5.02	445	26.06	0.00	12	12	30.5
	0.4	6.15	607		4.39	19	14	37.0
	0.6	6.72	683		7.07	23	16	43.5

（续）

体重（千克）	日增重（千克）	日粮干物质（千克）	粗蛋白（克）	维持需要（兆焦）	增重净能（兆焦）	钙（克）	磷（克）	胡萝卜素（毫克）
400	0	5.55	492	28.80	0.00	13	13	33.0
	0.4	6.76	651		5.02	20	16	38.0
	0.6	7.36	727		8.08	24	17	46.0

放牧后备母牛的饲养，在良好的草场上放牧，可完全满足后备牛的营养需要，后备牛可分群采取围栏放牧（图4-24）。而在牧草稀疏的草场放牧时，要根据放牧牧草的质量和采食量，做好草料的补喂工作（图4-25）。必要时补饲精料补充料。配制精料补充料要根据后备母牛的营养需要和饲料原料的营养成分来进行。后备母牛精料补充料的参考配方见表4-2，精料补充料的供给量参照表4-3。

图4–24　后备牛的围栏放牧

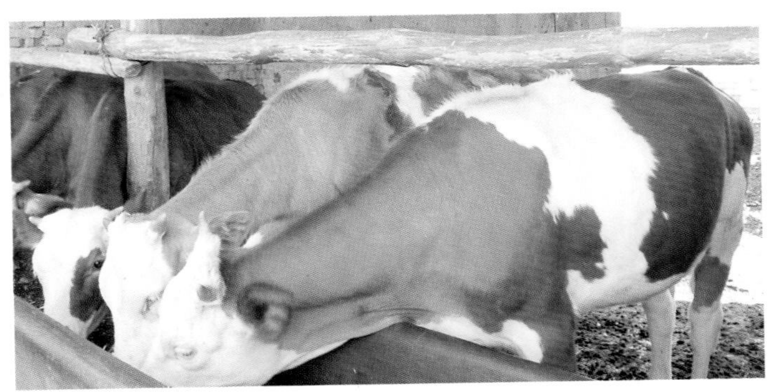

图4–25　后备牛的补饲管理

表4-2 后备母牛精料补充料参考配方（%）

玉米	饼粕	麸皮	石粉	食盐	微量元素预混料	维生素预混料	适用范围
71	13	12	1	2	0.5	0.5	放牧青草、野青草、氨化秸秆等
65	20	10	1.5	1.5	1	1	青贮日粮
60	25	10	1.5	1.5	1	1	放牧枯草、玉米秸等

表4-3 后备母牛精料补充料日补饲量（千克）

饲养条件		日补饲量
放牧	春季放牧前期，牧草营养价值较低	0.5
	春季放牧后期到夏秋季放牧，牧草营养价值较高	0
	枯草季节	1
舍饲	粗料为青草	0
	粗料为青贮饲料	0.5
	粗料为氨化秸秆、黄贮、玉米秸	1.0
	粗料为麦秸、稻草	1.5

后备牛瘤胃发育迅速，随着年龄的增长，瘤胃功能日趋完善，12月龄左右接近成年牛水平。正确的饲养方法有助于瘤胃功能的完善。此阶段是牛骨骼、肌肉发育最快的时期，体型变化大。后备母牛6～9月龄时，卵巢上出现成熟卵泡，开始发情排卵，一般在18月龄左右进行配种。

为了增加消化器官的容量，促进其充分发育，后备母牛的饲料应以粗饲料和青贮料为主，精料只补充蛋白质、钙、磷等。

2.后备母牛的管理

（1）分群 后备牛断奶后根据年龄、体重情况进行分群。组群中年龄和体格大小应该相近，月龄差异一般不应超过2个月，体重差异不大于30千克。

（2）穿鼻 犊牛断奶后，为便于生产管理，在7～12月龄时根据需要适时进行穿鼻，并带上鼻环。鼻环应以不易生锈且坚固耐用的金属制成。穿鼻时应胆大心细，先将一长50～60厘米的粗铁丝的一端磨尖，将牛保定好，操作人员一只手的两个手指摸在鼻中隔的最薄处，另一只手持铁丝用力穿透即可。

（3）加强运动　在舍饲条件下，青年牛每天至少应有2小时以上的运动。母牛一般采取自由运动；在放牧条件下，运动时间足够。加强后备牛的户外运动，可使其体壮胸阔、心肺发达、食欲旺盛。如果饲喂精料过多而运动不足，容易使牛肥胖，体短、肉厚、个子小，早熟早衰，利用年限短。

（4）刷拭和调教　为了保持牛体清洁，促进皮肤代谢和养成温驯的气质，每天应给后备母牛刷拭1～2次，每次5～10分钟，对后备母牛性情的培育是非常有益的。

（5）制定生长计划　根据肉牛不同品种和年龄的生长发育特点及饲草、饲料供应状况，确定不同日龄牛的日增重幅度，制定出生长计划，使其在适配月龄时体重达到成年体重的70%左右。

（6）青年母牛的初次配种　青年母牛何时初次配种，应根据母牛的年龄和发育情况而定。一般18月龄时开始初配。

（7）放牧管理　采用放牧饲养时，要严格把公牛分出单放，以避免偷配而影响牛群质量。对周岁内的小牛宜近牧或放牧于较好的草地上。冬、春季应采用舍饲。

肉牛

第五章 肉牛的繁殖

牛的繁殖与生产密切相关，提高母牛繁殖率，提供较多的可育肥牛，才能生产更多的牛肉。

一、母牛生殖器官的解剖结构

了解和掌握母牛生殖器官的解剖结构特征，对于肉牛的妊娠诊断和科学助产十分必要。母牛生殖器官包括卵巢、输卵管、子宫、阴道、尿生殖道前庭和阴门等（图5-1）。

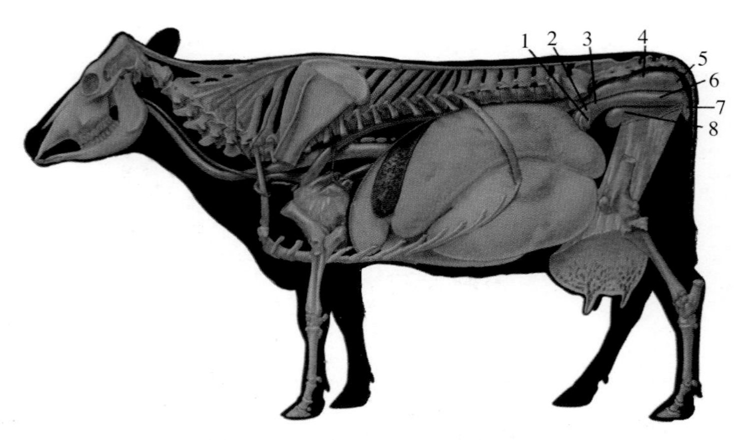

图5–1 母牛生殖器官解剖结构图

1. 卵巢 2. 输卵管 3. 子宫 4. 直肠 5. 肛门 6. 阴道 7. 阴门 8. 膀胱

二、母牛生殖器官的构成与功能

母牛的生殖器官由性腺（卵巢）、生殖道（输卵管、子宫、阴道）、外生殖器官（尿道生殖前庭、阴唇、阴蒂）等构成（图5-2）。

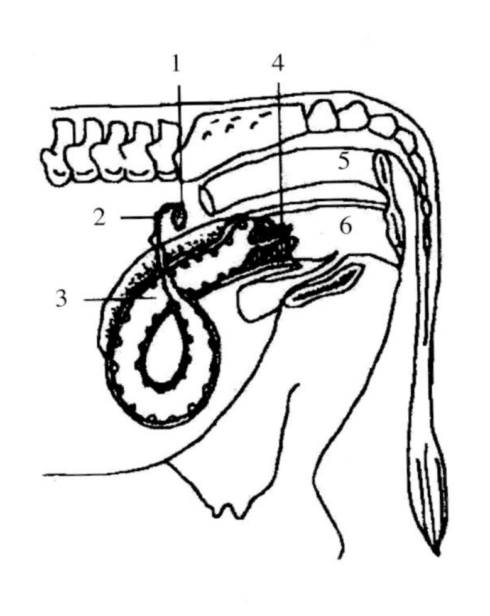

图5-2　母牛生殖器官示意图

1. 卵巢　2. 输卵管　3. 子宫角
4. 子宫颈口　5. 直肠　6. 阴道

（一）卵巢

卵巢左右侧各一个。形状为扁卵圆形，位于子宫角尖端两侧，每侧卵巢的前端为输卵管端，后端为子宫端。青年母牛的卵巢均在耻骨前缘之后，经产母牛的卵巢随妊娠而移至耻骨前缘的前下方。

卵巢是卵泡发育和排卵的场所。卵巢皮质部分布着许多原始卵泡，经过各发育阶段，最终形成卵子而排出。排卵后，在原卵泡处形成黄体。黄体能分泌孕酮，它是维持妊娠所必需的激素之一。在卵泡发育过程中，包围在卵泡细胞外的两层卵巢皮质基质细胞形成卵泡膜，卵泡膜分为内膜和外膜。内膜分泌雌激素，以促进其他生殖器官及乳腺的发育，也是导致母畜发情的直接原因。

（二）输卵管

输卵管是位于每侧卵巢和子宫角之间的一条弯曲管道。

输卵管的前端扩大成漏斗状，称为输卵管漏斗。漏斗的边缘为不规则的皱裙，称输卵管伞，其前部附着在卵巢前端。漏斗中央的深处有一口为输卵管腹腔口，与腹膜腔相通，卵子由此进入输卵管。输卵管前段管径最粗，也是最长的一段，称输卵管壶腹；后端较狭而直，称输卵管狭部，以输卵管子宫口开口于子宫腔。输卵管与子宫角交界处无明显界限。

输卵管的功能是承受并运送卵子，也是精子获能、受精以及卵裂的场所。输卵管上皮的分泌细胞在卵巢激素的影响下，在不同的生理阶段，分泌出不同的精子、卵子及早期胚胎的培养液。输卵管及其分泌物生理生化状况是精子及卵子正常运行、合子正常发育及运行的必要条件。孵卵管具有四大生理机能：①借助输卵管纤毛的摆动、管壁的蠕动等输送卵子和精子；②精子的获能，经子宫进入输卵管的精子到达输卵管的壶腹部时，完成获能，具有受精能力；③受精和受精卵的分裂，获能后的精子在输卵管的壶腹部同卵子结合，形成受精卵，并在此处产生分裂；④分泌精子、卵子以及受精卵的培养液，维持其正常生理活动。

（三）子宫

子宫位于直肠下方，悬挂在子宫阔韧带上。由左右两个子宫角、一个子宫体和一个子宫颈构成。

子宫角为子宫的前端，前端通输卵管，后端会合而成为子宫体。子宫体向后延续为子宫颈。子宫颈平时紧闭，不易开张。子宫颈后端开口于阴道，又称子宫颈外口。

子宫是胚胎发育和胎儿娩出的器官。子宫黏膜内有子宫腺，其分泌物对早期胚胎有营养作用。随着胚泡附植的完成和胎盘进行交换气体、养分及代谢物，这对胚胎的发育极为重要。此外，母牛妊娠期间，胎盘所产生的雌激素可刺激肌肉的生长及肌动球蛋白的合成。在妊娠末期，胎盘产生的雌激素逐渐增加，为提高子宫的收缩能力创造条件，而且能使子宫、阴道、外阴及骨盆韧带变松软，为胎儿顺利娩出创造条件。

（四）阴道

阴道位于骨盆腔内，前接子宫，后接尿生殖前庭。阴道在生殖过程中具有多种功能。是母牛的交配器官和分娩的产道。

（五）外生殖器

外生殖器包括尿生殖前庭和阴门。尿生殖前庭是左右压扁的短管，长约10 ~ 12厘米，前接阴道，后连阴门。阴道与前庭之间以尿道口为界。阴门又称外阴，是尿生殖前庭的外口，也是泌尿和生殖系统与外界相通的天然孔。外生殖器官是交配器官和产道，也是母牛排尿必经之路。

三、母牛的性机能与发情鉴定

（一）性机能发育

1.初情期　初情期指母牛第一次发情和排卵的时期。母牛初情期一般在6～12月龄。

2.性成熟　性成熟指母牛有完整的发情表现，可排出能受精的卵子，形成了有规律的发情周期，具备了繁殖能力。牛性成熟期多在12～14月龄。

3.初配适龄　性成熟的母牛虽然已经具有繁殖后代的能力，但其机体发育并未成熟，全身各器官系统尚处于幼稚状态，此时尚不能参加配种，承担繁殖后代的任务。只有当母牛生长发育基本完成，机体具有了成年牛的结构和形态，达到体成熟时才能参加配种。过早配种会对育成母牛造成不良影响。养牛生产上常常见到有些养牛户的育成母牛过早配种，因为此时育成母牛身体的生长发育仍未成熟，还需要大量的营养物质来满足自身的生长发育需要，过早地使之配种受孕，不仅会妨碍母牛身体的生长发育，造成母牛个体偏小，分娩时由于身体各器官系统发育不成熟而易发生难产，还会使母腹中的胎儿由于得不到充足的营养而体质虚弱、发育不良，甚至娩出死胎。通常育成母牛初次输精（配种）适龄为18～24月龄或达到成年母牛体重的70%为宜（300～400千克）。

4.使用年限　所有动物的繁殖能力都有一定的年限，利用年限的长短取决于品种、饲养管理水平和健康状况。一般肉用母牛使用年限为9～11胎。超过繁殖年限，繁殖力大大下降，应及时淘汰。

（二）母牛的发情规律和发情鉴定

1.发情的概念　母牛发育到一定年龄，便开始出现发情。发情是未孕母牛表现的一种周期性变化。发情时，卵巢上的卵泡迅速发育，其所产生的雌激素作用于生殖道，使之产生一系列变化，为受精提供条件：雌激素还能使母畜产生性欲和性兴奋，主动接近和接受其他母牛的爬跨，这种生理状态称为发情，其表现称成为发情行为。

2.发情周期　母牛到了初情期后，生殖器官及整个有机体便发生一系列周期性的变化，这种变化在未妊娠的情况下，周而复始，一直到性机能停止活动的年龄为止。这种周期性的性活动，称为发情周期。发情周期通常是指从一次发情开始到下一次发情开始的间隔时间。母牛的发情周期平均为21天（18 ～ 24天）。发情周期受光照、温度、饲养管理等因素影响。根据生理变化特点，一般将发情周期分为发情前期、发情期、发情后期和休情期几个阶段。

（1）发情前期 此时母牛尚无性欲表现，卵巢上功能黄体已经退化，卵泡已开始发育，子宫腺体稍有生长，阴道分泌物逐渐增加，生殖器官开始充血，持续时间4 ～ 7天。

（2）发情期 卵泡已经成熟，继而排卵，发情征状集中出现。处于发情期的母牛常有较强烈的性欲表现，尤以接受其他母牛爬跨为基本外部特征，哞叫，食欲减退，产奶量下降等。卵巢上的卵泡迅速发育；子宫腺体分泌出黏液，子宫颈口开张；外阴黏膜和阴蒂充血、肿胀。发情持续时间平均18小时（6 ～ 36小时）。

（3）发情后期 此时母牛由性兴奋转入安静状态，发情征状开始消退。卵巢上的卵泡破裂，排出卵子，并形成黄体。子宫分泌出少而稠的黏液，子宫颈口收缩。发情后期的持续时间为5 ～ 7天。

（4）休情期 为周期黄体功能时期，其特点是黄体逐渐萎缩，卵泡逐渐发育，从上一次发情周期过渡到下一次发情周期。母牛休情期的持续时间为6 ～ 14天。如果已妊娠，周期黄体转为妊娠黄体，直到妊娠结束前不再出现发情。

3.排卵时间 成熟的卵泡突出于卵巢表面而破裂，卵母细胞和卵泡液及部分卵丘细胞一起排出，称为排卵。正确地估计排卵时间是保证适时输精的前提。在正常营养水平下，76%左右的母牛在发情开始后21 ～ 35小时或发情结束后10 ～ 12小时排卵。

4.产后发情的出现时间 母牛产后需要有一段生理恢复过程，主要是子宫有一段恢复时间。产后第一次发情距分娩的时间平均为63天，奶牛为30 ～ 72天，肉牛为40 ～ 104天，黄牛为58 ～ 83天，水牛为42 ～ 147天。母牛在产犊后继续哺乳，会有相当数量的个体不发情。在营养水平低下时，通常会出现隔年产犊现象。

5.发情季节 牛是常年、多周期发情动物，正常情况下可以常年发情、配种。但由于营养和气候因素，部分母牛在冬季很少发情。大部分母牛多在牧草丰盛季节（6～9月间）膘情恢复后，集中出现发情。这种非正常的生理反应可以通过提高饲养水平和改善生产环境条件来克服。

6.发情鉴定　发情鉴定的目的是找出发情母牛，确定最适宜的配种时间，防止误配、漏配，提高受胎率。母牛发情鉴定的方法主要有外部观察法、阴道检查法和直肠检查法。

图5-3　母牛的发情征状

A.兴奋不安　B.尾根被毛直立　C.阴道流出黏液　D.嗅闻其他牛外阴、追逐
E.爬跨其他牛或接受其他牛爬跨

（引自王聪主编.肉牛饲养手册）

（1）外部观察法　主要是根据母牛的精神状态、外阴部变化及阴户内流出的黏液性状来判断是否发情。

发情母牛多表现站立不安，大声鸣叫，弓腰举尾，频繁排尿，相互舔嗅后躯和外阴部，食欲下降，反刍减少（图5-3）。阴唇稍肿大、湿润、黏液流出量逐渐增多。发情早期黏液透明或呈牵丝状。由于多数母牛在夜间发情，因此在接近天黑和天刚亮时观察母牛阴户流出的黏液情况，判断母牛发情的准确率很高。在运动场最易观察到母牛的发情表现，如母牛抬头远望、东游西走、嗅其他牛、后边也有牛跟随，这是刚刚发情。发情盛期时，母牛稳定站立并接受其他母牛的爬跨（图5-4）。只爬跨其他母牛，而不接受其他母牛爬跨的，不是发情母牛，应注意区别。发情盛期过后，发情母牛逃避爬跨，但追随的牛又舍不得离开，此时进入发情末期。母牛的发情行为有一定的序列（图5-5）。在生产中应建立配种记录和发情预报制度，对预计要发情的母牛加强观察，每天观察2 ~ 3次。

图5–4　发情母牛被其他牛爬跨的过程

1. 嗅闻发情母牛　2. 发情母牛接受爬跨　3. 发情母牛站立不动、接受爬跨

（引自王锋、王元兴编著《牛羊繁殖学》）

图5–5　牛发情行为的序列

1. 牝牛接近发情母牛　2. 牝牛准备爬跨发情母牛　3. 牝牛向发情母牛跳起，爬跨开始
4. 牝他牛在发情母牛背上向前移动　5. 发情母牛站立不动，爬跨的母牛进行骨盆部的收缩
6. 牝牛的胸部从发情母牛的背部滑下而结束爬跨

（2）阴道检查法　主要根据母牛生殖道的变化，来判断母牛发情与否。其方法是将母牛保定，用0.1%高锰酸钾溶液或1%～2%来苏儿溶液消毒外阴部，再用清水冲洗，用消毒过的毛巾擦干。用消毒的开膣器打开母牛阴道，借助手电筒或特制光源观察子宫颈口、黏膜的状态以及黏液等的变化情况：发情母牛子宫颈口开张，黏膜潮红、黏液量多。阴道检查常作为生产中发情鉴定的辅助手段。

（3）直肠检查法　根据母牛卵巢上卵泡的大小、质地、厚薄等来综合判断母牛是否发情。方法是将母牛保定，术者指甲剪短并磨光滑，戴上长臂塑胶手套，用水或润滑剂涂抹手套。术者手指并拢呈锥状插入肛门，先将粪便掏净，再将手臂慢慢伸入直肠，可摸到坚硬索状的子宫颈及较软的子宫体、子宫角和角间沟，沿子宫角大弯至子宫角顶端外侧，即可摸到卵巢（图5-6、图5-7）。牛的卵泡发育可分为四期（图5-8）：

图5–6　牛的直肠检查

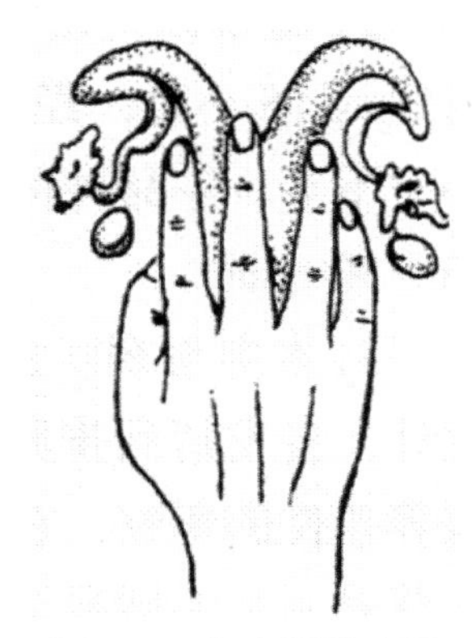

图5–7　牛直肠检查子宫触摸示意图

第一期（卵泡出现期）：卵泡直径0.5 ～ 0.7厘米，突出于卵巢表面，波动性不明显，此期内母牛开始发情，持续时间6 ～ 12小时。

第二期（卵泡发育期）：卵泡直径1.0 ～ 1.5厘米，呈小球状，明显突出于卵巢表面，弹性增强，波动明显。此期母牛外部发情表现为明显—强烈—减弱—消失，该过程全期10 ～ 12小时。

第三期（卵泡成熟期）：卵泡大小不再增大，卵泡壁变薄、弹性增强，触摸时有一压即破之感，此期6 ～ 8小时，外部发情表现完全消失。

第四期（排卵期）：卵泡破裂排卵，卵泡等变为松软皮样，触摸时有一小凹陷。

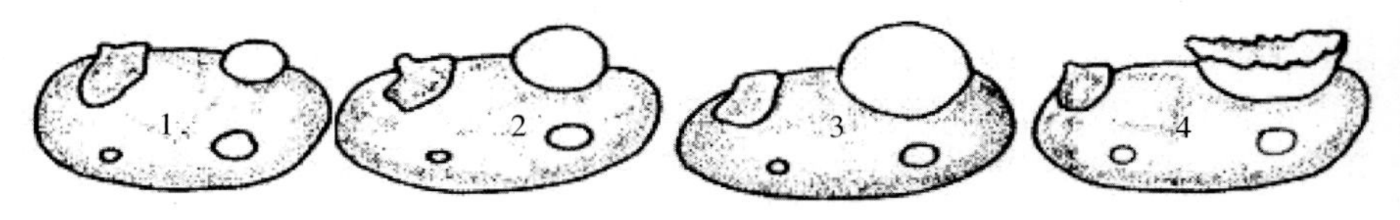

图5-8　卵泡发育期与形态

7. 母牛的异常发情

（1）安静发情（隐性发情）　母牛无明显发情特征，无明显性欲表现，但其卵巢上有卵泡发育成熟并排卵的现象称安静发情。安静发情的主要原因是雌激素或孕激素分泌不足、营养不良等。因此，养牛生产上要特别注意安静发情母牛，防止漏配，以免造成不必要的损失。

（2）久不发情　母牛长期无明显发情特征，未见有排卵迹象。这是养牛生产上常见的繁殖障碍，其主要原因是产后营养不平衡、卵巢或子宫疾病、暑期热应激、其他全身性疾病等，应及时予以治疗。

（3）假发情　由于雌激素的作用，怀孕母牛常常发生再次发情，俗称假发情，因此配种前要注意进行妊娠检查，防止错配，以免造成流产。

（4）持续发情　母牛往往表现性欲强烈，连续几天发情不止。常见于卵巢囊肿或卵泡交替发育的母牛。

四、母牛的人工授精

人工授精是以人工的方法利用器械采集雄性动物的精液，经检查与处理后，再输入到雌性动物生殖道内，以代替自然交配的一种妊娠控制技术（图5-9）。

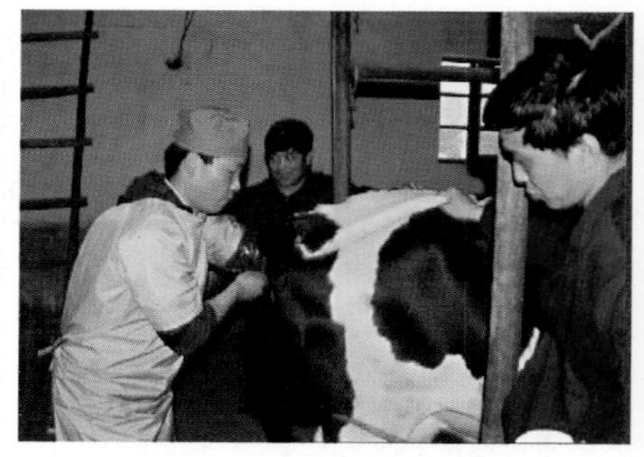

图5-9　母牛的人工授精

人工授精是养牛业最有价值的技术和管理手段。这一技术高效地利用了优秀种公牛个体的大量精子资源，极大地增加了遗传进展并提高了繁殖效率。

人工授精技术优越性有：①有利于充分利用优秀的遗传资源，加快遗传进展；②在生产中便于繁殖管理，降低饲养种公牛的成本，提高经济效益；③防止各种疾病，特别是生殖道传染病的传播。目前，人工授精技术已成为肉牛高效快繁的重要手段，对提高肉牛繁殖速度、加快黄牛改良进程和提高肉牛业生产效率具有重大推动作用。

（一）授精前的准备

1.精子贮存与检验室　即精子贮存和活力检查室，要求保持干净，经常用清水冲洗降尘，地面保持干净。室内陈设力求简单整洁，不得存放有刺激气味的物品，禁止吸烟。除操作人员外，其他人一律禁止入内。室温应保持18 ～ 25℃。

2.优质精液的选购　选购精液常用小型液氮罐（3升）作为采购运输工具。外购肉牛精液要结合本地牛群育种改良计划，有目的、有计划地选购，要选优秀高产且育种值高的种公牛的精液，种公牛的外貌评分优秀，父母表现良好，其精液的质量优良，解冻后活力镜检达0.3以上，即可作为选购目标。

3.冷冻精液的保管　为了保证贮存于液氮罐中的冷冻精液品质，不致使精子活力下降，在贮存及取用时应做到以下几点：

（1）按照液氮罐保温性能的要求，定期添加液氮，罐内盛装储精袋（内装细管或颗粒）的提斗不得暴露在液氮面外。注意随时检查液氮存量，当液氮容量剩1/3时，需要添加。当发现液氮罐口有结霜现象，并且液氮的损耗量迅速增加时，是液氮罐已经损坏的迹象，要及时更换新液氮罐（图5-10）。

图5–10　精液贮存罐（液氮罐）

（2）从液氮罐取出精液时，提斗不得提出液氮罐口外，可将提斗置于罐颈下部，用长柄镊夹取精液，越快越好。

（3）液氮罐应定期清洗，一般每年一次。将储精提斗向另一超低温容器转移时，动作要快，储精提斗在空气中暴露的时间不得超过5秒钟。

（二）准确掌握输精适期

对母牛的发情鉴定是肉牛配种的基础，其关键在于如何准确掌握输精适宜时间。生产上常规输精实行上午（早晨）发现母牛发情下午输精，第二天早晨再输一次；下午（晚班）发现母牛发情第二天早晨输精，然后下午（晚班）再输一次。为了准确把握输精适期，一般可掌握在母牛发情后期进行输精，此时母牛的发情表现已停止，性欲特征已消失，黏液量减少、呈乳白色糊状、牵缕性差。通过直肠检查可触到卵巢上的卵泡胀大、表面紧张、有明显波动感，好像熟透的葡萄，呈一触即破状态。如感到卵巢上出现小坑，说明已排卵，可立即追配。总之，发情鉴定要综合判断，既要看外表发情特征，又要结合直肠检查，才能准确掌握输精适期，提高受胎率，达到多产犊的预期目的。

（三）人工授精的主要技术程序

目前人工授精多采用直肠把握输精法。

1.输精前准备

（1）动物和器械准备 人工授精用的器材主要是精液运输时保存精液的设备、输精管或输精枪等。首先要将输精器具和母牛后躯清洗消毒，输精器具消毒常用恒温（160～170℃）干燥箱。开膣器等金属用具可冲洗后浸入消毒液中消毒或使用前用酒精火焰消毒。输精器每牛每次1支，不得重复使用。采用细管精液输精枪，应保持塑料外套清洁，不被细菌污染，仅限使用1次。母牛外阴部清洗消毒：先用清水洗，接着用2%的来苏儿或0.1%的新洁尔灭消毒外阴部及周围，然后用生理盐水或蒸馏水冲洗，用消毒抹布或纸巾擦干。也可用酒精棉消毒阴门。

（2）解冻精液 解冻精液并镜检精子活力。目前常用精液制剂有两种：一种为细管型，另一种为颗粒型。细管冻精可直接把细管放入40℃温水中进行解冻。颗粒型精液解冻，通常把解冻用稀释液1～1.5毫升（2.9%的二水柠檬酸钠）置于解冻杯中，放入40℃温水中预热，然后放入冻精颗粒。解冻后应镜检精子活力，确认合格后方可置入输精管（枪）备用。精液解冻后应立即使用，不可久置。

2.输精操作步骤 输精员清洗消毒手及手臂，涂上软皂，准备好输精器。将母牛拉进配种架，固定好头、尾，把母牛的外阴及尾根清洗干净、擦干。输精员一手五指合拢呈圆锥形，左右旋转，从肛门缓慢插入母牛直肠，排净宿粪，寻找并把握住子宫颈口处，同时直肠内手臂稍向下压，阴门即可张开；另一手持输精器，把输精器尖端稍向上斜插入阴道4 ~ 5厘米，再稍向下方缓慢推进，左右手互相配合把输精器插入子宫颈，当输精器尖端到达子宫颈深部时，即可挤出精液。输精完毕，稍按压母牛腰部，防止精液外流（图5-11）。

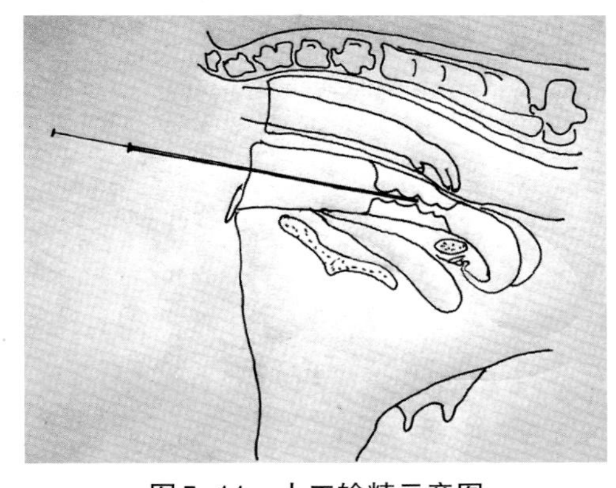

图5-11　人工输精示意图

在输精过程中，如遇到阻力，不可硬推输精器，可稍后退并转动输精器再缓慢前进。如遇母牛努责时，一是助手用力压掐母牛腰部，二是输精员可握着子宫颈向前推，以使阴道肌肉松弛，利于输精器插入。青年母牛子宫颈细小，离阴门较近；老龄母牛子宫颈粗大，子宫往往沉入腹腔，输精员应手握宫颈口处，以配合输精器插入（图5-12）。

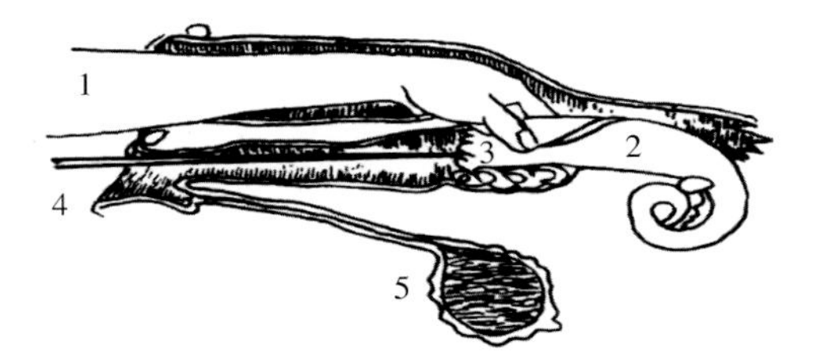

图5-12　正确的输精手法
1. 肛门　2. 子宫颈　3. 子宫颈口
4. 输精器　5. 子宫

输精完毕，将所用器械清洗消毒备用。

输精量一般一次一剂，若用两次复配法，则用两剂。如果能准确确定排卵时间，可采用一次配种法。

（四）母牛最佳配种时间的确定

1. 育成牛最佳初配年龄的确定　育成牛初配年龄主要根据牛的生长发育速度、饲养管理水平、气候和营养等因素综合考虑，但最重要的是根据牛的体重确定。一般情况下，育成母牛的体重要达到成年牛标准体重的70%以上时（本地牛达到300千克、杂种牛达到350千克以上），才能进行第一次配种。

2.母牛产后适宜配种时间的确定　产后母牛的情期受胎率随着产后时间而提高，一般情况下，母牛在产后50天左右即可达到正常的情期受胎率。产后第一情期受胎率反映了母牛子宫的复旧状况，母牛产后40天以内，因子宫复旧尚未完成，因此受胎率很低；母牛产后40天以后，子宫复旧过程已完成，生理机能已完全恢复，情期受胎率逐渐上升。若母牛体质良好，产后子宫、卵巢机能很快康复，可掌握在30 ～ 40天配种，但一般产后配种应控制在60 ～ 90天。

五、母牛的受精与妊娠

（一）受精

受精是精子和卵子相融合形成一个新的细胞即合子的过程。

1.精子受精前的准备

（1）精子在母牛生殖道内的运行　精子和卵子受精部位在母牛输卵管壶腹部。精子的运行是指由输精部位通过子宫颈、子宫和输卵管3个主要部分，最后到达受精部位的过程。精子运动的动力，除其本身的运动外，主要借助于母牛生殖道的收缩和蠕动以及腔内体液的作用。

（2）精子获能　精子获得受精能力的过程称为精子获能。进入母牛生殖道内的精子，经过形态及某些生理生化变化之后，才能获得受精能力。牛的精子获能始于阴道，当子宫颈开放时流入阴道的子宫液可使精子获能，但获能最有效的部位是子宫和输卵管。牛精子获能需要3 ～ 4小时。

（3）顶体反应　获能后的精子，在受精部位与卵子相遇，会出现顶体帽膨大，精子质膜和顶体外膜相融合。融合后的膜形成许多泡状结构，随后这些泡状物与精子头部分离，使顶体膜局部破裂，顶体内酶类释放出来，以溶解卵丘、放射冠和透明带，这一过程称为顶体反应。精子获能和顶体反应是精子受精前准备过程中紧密联系的生理生化变化。

2.卵子受精前的准备　卵子排出后自身并无运动能力，而是随卵泡液进入输卵管伞后，借输卵管内纤毛的颤动、平滑肌的收缩以及腔内液体的作用，向受精部位运行，在到达受精部位并与壶腹部的液体混合后，卵子才具有受精能力。牛的卵子在母牛生殖道内的存活时间为8 ～ 12小时。

3.受精过程　受精过程是指精子和卵子相结合的生理过程，正常的受精过程可分为以下几个阶段：

（1）精子穿越放射冠　放射冠是包围在卵子透明带外面的卵丘细胞群，受精前卵子被大量精子包围，放射冠的卵丘细胞在排卵后3 ～ 4小时即被经顶体反应的精子所释放的透明质酸酶溶解，使精子得以穿越放射冠接触透明带。此时卵子对精子无选择性。

（2）精子穿越透明带　穿越放射冠的精子即与透明带接触并附于其上，通过释放顶体酶将透明带溶出一条通道而穿越透明带并和卵黄膜接触。

（3）精子进入卵黄膜　穿过透明带的精子在与卵黄膜接触时，激活卵子，由于卵黄膜表面微绒毛的作用使精子质膜和卵黄相互融合，使精子进入卵黄。精子一旦进入卵黄后，卵黄膜立即发生一种变化，拒绝新的精子进入卵黄，这称为卵黄封闭作用。这是一种防止两个以上的精子进入卵子的保护机制。

（4）原核形成　精子进入卵黄后，尾部脱落，头部逐渐膨大变圆，形成雄原核；精子进入卵黄后不久，卵子进行第二次减数分裂，排出第二极体，形成雌原核。

（5）配子配合　两原核形成后，彼此靠近，随后两核膜破裂，核膜、核仁消失，染色体混合、合并，形成二倍体的核。从两个原核的彼此接触到两组染色体的结合过程称为配子配合。至此，受精过程结束，受精后的卵子称为合子。

（二）妊娠

妊娠是指从受精卵沿着输卵管下行，经过卵裂、桑葚胚和囊胚、附植等阶段，形成新个体，即胎儿，以及胎儿发育成熟后与其附属膜共同排出前的整个过程。

1.胚胎的早期发育　合子形成后立即进行有丝分裂，进入卵裂期。

（1）卵裂　早期胚胎的发育有一段时间是在透明带内进行的，细胞数量不断增加，但总体积并不增加，且有减小的趋势。这一分裂阶段维持时间较长，叫卵裂。

（2）囊胚与孵化　当胚胎的卵裂球达到16 ～ 32个细胞，细胞间紧密连接，形成致密的细胞团，形似桑葚，称为桑葚胚。桑葚胚继续发育，细胞开始分化，出现细胞定位现象。胚的一端细胞个体较大，密集成团称为内细胞团；另一端细胞个体较小，只沿透明带的内壁排列扩展，这一层细胞称为滋养层；在滋养层和内细胞团之间出现囊胚腔。这一发育阶段叫囊胚。囊胚阶段的内细胞团进一步发育为胚胎本身，滋养层则发育为胎膜和胎盘。囊胚进一步扩大，逐渐从透明带中伸展出来，变为扩张囊胚，这一过程叫做“孵化”。

（3）原肠胚和中胚层的形成 囊胚进一步发育，内细胞团外面的滋养层退化，内细胞团裸露，成为胚盘。在胚盘的下方衍生出内胚层，它沿滋养层的内壁延伸、扩展，衬附在滋养层的内壁上，这时的胚胎称为原肠胚。原肠胚进一步发育，形成内胚层、中胚层和外胚层，为器官的分化奠定了基础。

2.妊娠识别与建立 孕体是指胎儿、胎膜、胎水构成的综合体。在妊娠初期，孕体产生的激素传感给母体，母体对此产生相应的反应，识别胎儿的存在，并在二者之间建立起密切的联系，这一过程即为妊娠识别。孕体和母体之间产生了信息传递和反应后，双方的联系和互相作用已通过激素的媒介和其他生理因素而固定下来，从而确定开始妊娠，这叫做妊娠建立。牛妊娠信号的物质形式是糖蛋白。妊娠识别后，即进入妊娠的生理状态，牛妊娠识别的时间为配种后16 ～ 17天。

3.胚泡的附植 囊胚阶段的胚胎称胚泡。胚泡在子宫内发育的初期阶段呈游离状态，与子宫内膜之间未发生联系。因胚泡液的增多，限制了胚泡在子宫内的移动，逐渐贴附于子宫壁，随后才和子宫内膜发生组织及生理的联系，位置固定下来，这一过程称为附植（着床）。牛为单胎时，常在子宫角下1/3处附植，双胎时则均分于两侧子宫角。附植是一个渐进的过程，在游离之后，胚胎在子宫中的位置先固定下来，继而对子宫内膜产生轻度浸润，即发生疏松附植，紧密附植的时间是在此后较长的一段时间。牛的胚胎在排卵后28 ～ 32天为疏松附植，40 ～ 45天为紧密附植。胚胎都是在子宫血管稠密且能供给丰富营养的地方附植。

4.胎盘和胎膜 胎盘是由胎儿胎盘和母体胎盘共同构成。胎儿具有独立的血液循环系统，不与母体循环直接沟通。但是，母体必须通过胎盘向胎儿输送营养和帮胎儿排出代谢产物。牛的胎盘为子叶类胎盘，由于胎儿子叶与母体子叶嵌合非常紧密，所以在分娩时，胎衣娩出较慢，且易发生胎衣不下。胎膜为胎儿以外的附属膜，包括绒毛膜、尿膜、羊膜、卵黄囊。胎膜具有营养、排泄、呼吸、代谢、内分泌和保护功能。脐带是胎体同胎膜和胎盘联系的渠道，其中有脐动脉两条、脐静脉两条。

六、牛的妊娠诊断

为了尽早地判断母牛的妊娠情况，应做好妊娠诊断工作，以做到防止母牛空怀、给未孕牛及时配种和加强对受孕母牛的饲养管理。妊娠诊断的方法主要包括以下几种。

（一）外部观察法

就是通过观察牛的外部表现来判断母牛是否妊娠。输精后的母牛如果20天、40天两个情期不返情，就可以初步认为已妊娠。另外，母牛妊娠后还表现为性情安静、食欲增加、膘情好转、被毛光亮。妊娠5 ~ 6个月以后，母牛腹围增大，右下腹部尤为明显，有时可见胎动。但这些表现都在妊娠中后期，不能做到早期妊娠诊断。

（二）直肠检查法

直肠检查指用手隔着直肠触摸妊娠子宫、卵巢、胎儿和胎膜的变化，并依此来判断母牛是否妊娠。此法安全、准确，是牛早期妊娠诊断最常用的方法之一（图5-13）。

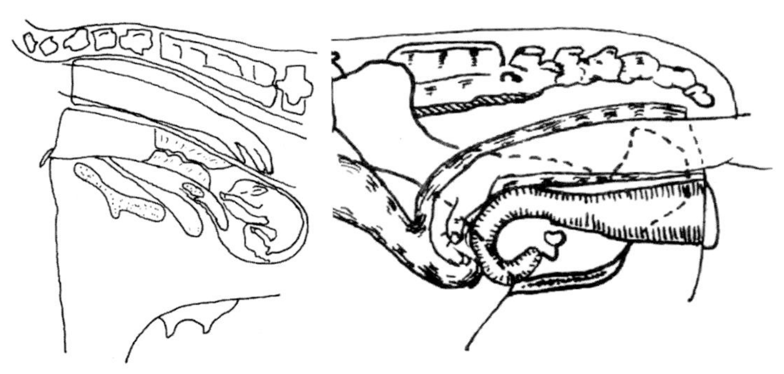

图5–13　妊娠诊断（直肠检查法）

在配种后40 ~ 60天诊断，准确率达95%。检查的顺序依次为子宫颈、子宫体、子宫角、卵巢、子宫中动脉。

（1）母牛配种19 ~ 22天，胎泡不易感觉到，子宫变化也不明显，若卵巢上有成熟的黄体存在则是妊娠的重要表现。

（2）母牛妊娠1个月时，两侧子宫角大小不一，孕侧子宫角稍增粗、质地松软、稍有波动，用手握住孕角，轻轻滑动时可感到有胎囊。未孕侧子宫角收缩反应明显、有弹性。孕侧卵巢有较大的黄体突出于表面，卵巢体积增加。

（3）母牛妊娠2个月时，孕角大小为空角的1 ~ 2倍，犹如长茄子状，触诊时感到波动明显，角间沟变得宽平，子宫向腹腔下垂，但可摸到整个子宫。

（4）母牛妊娠3个月时，孕侧卵巢较大，有黄体；孕角明显增粗（周径10 ~ 12厘米），波动明显，角间沟消失，子宫开始沉向腹腔，有时可摸到胎儿（图5-14）。

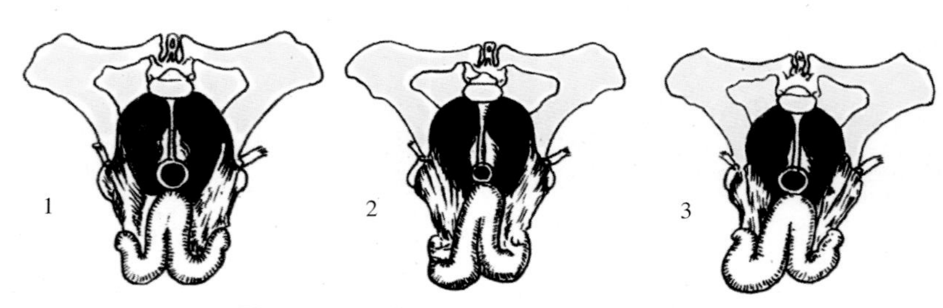

图5–14　母牛妊娠后的子宫变化示意图

1.两角对称，未孕　2.妊娠40天左右　3.妊娠60 ~ 70天

（三）阴道检查法

根据阴道黏膜的色泽、黏液分泌及子宫颈状态等判断母牛是否妊娠。

1.阴道黏膜检查　输精20天后，黏膜苍白，向阴道插入开膣器时感到有阻力则是妊娠的迹象。

2.阴道黏液检查　母牛妊娠后阴道黏液量少而稠，混浊、不透明，呈灰白色。

3.子宫颈外口检查　用开膣器打开母牛阴道，妊娠后可以看到子宫颈外口紧缩，并有糊状黏块堵塞颈口，称为子宫栓。

（四）其他妊娠诊断方法

1.超声波诊断法　将超声波通过专用仪器送入子宫内，使其产生特有的波形，也可通过仪器转变成音频信号，从而判断母牛是否妊娠。此法一般多在配种后1个月应用，过早使用准确性较差。

2.孕酮水平测定法　母牛妊娠后，妊娠黄体、胎盘均分泌孕酮，使血液中孕酮含量明显增加，通过测定血浆或乳汁中孕酮含量与未孕牛孕酮水平比较，可确定是否妊娠。这是一种实验室诊断法，在配种后15天即可诊断。孕酮含量的测定可采用放射免疫试验（RIA）、免疫乳胶凝集抑制试验（LAIT）、单克隆抗体酶免疫试验和孕酮酶免测定试剂盒等。

3.碘酒测定法　取配种后23天以上母牛晨尿10毫升，放入试管中，加入7%碘酒1～2毫升，混合均匀，反应5～6分钟。若混合液呈棕褐色或青紫色，则可判定该牛已孕；若混合液颜色无变化，则判定该牛未孕。此法准确率可达93%。

4.硫酸铜测定法　取配种后20～30天的母牛中午的常乳和末把乳的混合乳样1毫升于平皿中，加入3%硫酸铜溶液1～3滴，混合均匀。若混合液出现云雾状，则可判断该牛已孕；若混合液无变化，则判定该牛未孕。此法准确率达90%。

七、母牛的分娩与接产

（一）分娩

妊娠期满，母牛把成熟的胎儿、胎衣及胎水排出体外的生理过程，即为母牛的分娩。

1.孕牛预产期的推算　肉牛妊娠期一般为280天左右，误差5～7天为正常。生产上常按配种月份数减3，配种日期数加6来推算母牛预产期。若配种月份数小于3，则直接加9计算。

例一：配种日期为2007年5月10日，预产期计算如下：预产月份为$5-3=2$，预产日期为$10+6=16$，该牛的预产期为2008年2月16日。

例二：配种日期为2008年2月28日，预产期计算如下：预产月份为$2+9=11$，预产日期为$28+6=34$，超过30天，应减去30，余数为4，预产月份应加1。则该牛的预产期为2009年12月4日。

2.母牛的分娩预兆 母牛分娩前约半个月，乳房迅速发育膨大，腺体充实，乳头膨胀，至分娩前1周变为极度膨胀，个别母牛在临产前数小时至1天左右，有初乳滴出。阴唇从分娩前约1周开始逐渐柔软、肿胀、增大，阴唇皮肤上的皱褶展平，皮肤稍变红；阴道黏膜潮红，黏液由浓厚黏稠变为稀薄滑润。子宫颈在分娩前1 ~ 2天开始肿大、松软，黏液塞软化，流入阴道而排出阴门之外，呈半透明索状；骨盆韧带从分娩前1 ~ 2周即开始软化，至产前12 ~ 36小时，尾根两旁只能摸到松软组织，且荐骨两旁组织塌陷。母牛临产前活动困难，精神不安，时起时卧，尾高举，头向腹部回顾，频频排尿，食欲减少或停止。上述各种现象都是分娩即将来临的预兆，要全面观察、综合分析才能做出正确判断。

3.母牛的分娩过程

（1）开口期 指从子宫开始阵缩到子宫颈口充分开张的时期，一般需2 ~ 8小时（范围为0.5 ~ 24小时）。特征是只有阵缩而不出现努责。初产牛表现不安，时起时卧，徘徊运动，尾根抬起，常做排尿姿势，食欲减退；经产牛一般比较安静，有时看不出有什么明显表现。

（2）胎儿产出期 从子宫颈充分开张至产出胎儿为止，一般持续3 ~ 4小时（范围0.5 ~ 6小时）。初产牛一般持续时间较长。若是双胎，则两胎儿排出间隔时间为20 ~ 120分钟。特点是阵缩和努责同时作用。进入该期，母牛通常侧卧，四肢伸直，强烈努责，羊膜绒毛膜形成囊状突出于阴门外，该囊破裂后，排出淡白或微带黄色的浓稠羊水。胎儿产出后，尿囊才开始破裂，流出黄褐色尿水。因此，牛的第一胎水一般是羊水，但有时尿囊先破裂，然后羊膜囊才突出于阴门破裂。在羊膜破裂后，胎儿前肢和唇部逐渐露出并通过阴门。伴随产牛的不断阵缩和努责，整个胎儿顺产道滑下，脐带自行断裂。

产科临床上的难产即发生在产出期。难产常常由于临产母牛产道狭窄、分娩无力，胎儿过大，胎位、胎势、胎向异常等多种因素造成。因此，牛场的畜牧兽医技术人员要及早做好接产、助产准备。

（3）胎衣排出期 此期的特点是当胎儿产出后，母牛即安静下来，经子宫阵缩（有时还配合轻度努责）使胎衣排出。从胎儿产出后到胎衣完全排出为止，一般需4 ~ 6小时（范围0.5 ~ 12小时）。若超过12小时胎衣仍未排出，即为胎衣不下，需及时采取处理措施（图5-15）。

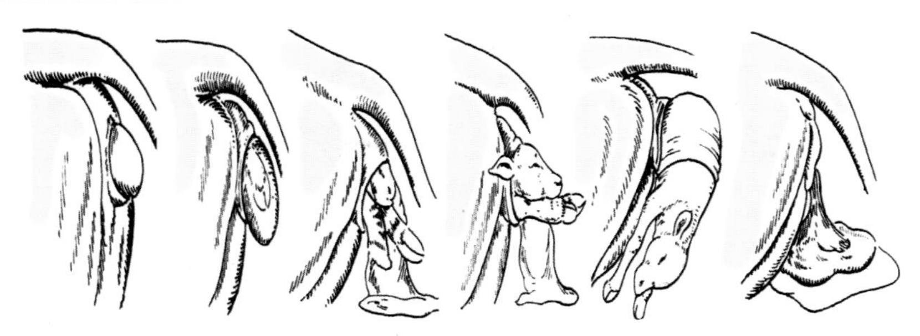

图5–15　母牛分娩过程示意图

（二）接产

接产的目的在于对母畜和胎儿进行观察，并在必要时加以帮助，达到母仔安全。但应特别指出，接产工作一定要根据分娩的生理特点进行，不应过早过多地干预。

1. 接产前的准备

（1）产房准备　产房应当清洁、干燥，光线充足，通风良好、无贼风，墙壁及地面应便于消毒。在北方寒冷的冬季，应有相应取暖设施，以防冻伤犊牛。

（2）器械和药品的准备　产房里，接产用药物（70%酒精、2%～5%碘酊、2%来苏儿、0.1%高锰酸钾溶液和催产药物等）应准备齐全。产房里最好备一套常用的已经消毒的手术助产器械（剪刀、纱布、绷带、细布、麻绳和产科用具），以备急用。另外，还应准备毛巾、肥皂和温水。

（3）接产人员　接产人员应当受过接产训练，熟悉牛的分娩规律，严格遵守接产的操作规程及值班制度。分娩期尤其要固定专人，并加强夜间值班。

2. 正确接产　为保证胎儿顺利产出及母仔安全，接产工作应在严格消毒的原则下进行。其步骤如下：

（1）清洗母牛外阴部及其周围，并用消毒液（如1%煤酚皂溶液）擦洗。用绷带缠好母牛尾根，拉向一侧系好。在产出时，接产人员穿好工作服及胶围裙、胶鞋，并消毒手臂准备做必要的检查。

（2）当胎膜露出至胎水排出前时，可将手臂伸入产道，进行临产检查，以确定胎向、胎位及胎势是否正常，以便对胎儿的反常做出早期矫正，避免难产的发生。如果胎儿正常，正生时，应三件（唇及二前蹄）俱全，可等候其自然产出。除检查胎儿外，还可检查母牛骨盆有无变形，阴门、阴道及子宫颈的松软扩张程度，以判断有无因产道反常而发生难产的可能。

（3）当胎儿唇部或头部露出阴门外时，如果上面覆盖有羊膜，应及时撕破，并把胎儿鼻孔内的黏液擦净，以利其呼吸。但也不要过早撕破，以免胎水过早流失。

（4）注意观察母牛努责及产出过程是否正常。如果母牛努责、阵缩无力，或其他原因（产道狭窄、胎儿过大等）造成产犊滞缓，应迅速拉出胎儿，以免胎儿因氧气供应受阻，反射性吸入羊水，引起异物性肺炎或窒息。接产员在拉胎儿时，可用产科绳缚住胎儿两前肢球节或两后肢系部（倒生）交于助手拉住，同时用手握住胎儿下颌（正生），随着母牛的努责，左右交替用力，顺着骨盆轴的方向慢慢拉出胎儿。在胎儿头部通过阴门时，要注意用手捂住母牛阴唇，以防阴门上角或会阴撑破。在胎儿骨盆部通过阴门后，要放慢拉出速度，防止子宫脱出（图5-16）。

（5）胎儿产出后，应立即将其口鼻内的羊水擦干，并观察呼吸是否正常。身体上的羊水可让母牛舔干，这样一方面母牛可因吃入羊水（内含催产素）而使子宫收缩加强，利于胎衣排出，另外还可增强母子关系（图5-17）。

图5-16　母牛的助产

图5-17　母牛舔干胎儿体表的羊水

(6) 胎儿产出后，如脐带还未断，应将脐带内的血液挤入仔畜体内，这对增进犊牛的健康有一定好处。断脐时脐带断端不宜留得太长。断脐后，可将脐带断端在碘酒内浸泡片刻或在其外面涂以碘酒，并将少量碘酒倒入羊膜鞘内。如脐带有持续出血，须加以结扎。

(7) 犊牛产出后不久即试图站立，但最初是站不起来的，应加以扶助，以防摔伤。

(8) 给母牛和新生犊牛注射破伤风抗毒素，以防感染破伤风。

(三)难产的助产和预防

在难产的情况下助产时，必须遵守一定的操作原则，即助产时除要挽救母牛和胎儿外，还要注意保持母牛的繁殖力，防止产道的损伤和感染。为便于矫正和拉出胎儿，特别是在产道干燥时，应向产道内灌注大量滑润剂。为了便于矫正胎儿的异常姿势，应尽量将胎儿推回子宫内，否则产道空间有限不易操作，要力求在母畜阵缩间歇期将胎儿推回子宫内。拉出胎儿时，应随母牛努责而用力。

难产极易引起犊牛的死亡并严重危害母牛的生命和繁殖力。因此，预防难产是十分必要的。①在配种管理上，不要让母牛过早配种，由于青年母牛仍在发育，分娩时常因骨盆狭窄导致难产。②注意母牛妊娠期间的合理饲养，防止母牛过肥、胎儿过大造成难产。③孕牛要有适当的运动，这样不但可以提高营养物质的利用率，使胎儿正常发育，还可提高母牛全身和子宫的紧张性，使分娩时增强胎儿活力和子宫收缩力，并有利于胎儿转变为正常分娩胎位、胎势，以减少难产及胎衣不下、产后子宫复位不全等的发生。此外，在临产前及时对孕牛进行检查、矫正胎位也是减少难产发生的有效措施。

八、提高母牛繁殖力的技术

1.母牛繁殖力的概念 母牛的繁殖力主要是指生育后代和哺育后代的能力，其与性成熟的迟早、发情周期正常与否、发情表现、排卵多少、卵子受精能力、妊娠、泌乳量高低等有密切关系。

2.衡量母牛繁殖力的主要指标

(1)受配率 一般要求受配率在80%以上。

受配率＝受配母牛数/可繁母牛数×100%

（2）情期受胎率 正常情期受胎率为54%～55%。

情期受胎率＝妊娠母牛头数/配种情期数×100%

（3）总受胎率 正常总受胎率为95%以上。

总受胎率＝妊娠母牛总数/配种母牛总数×100%

（4）产犊间隔 指母牛相邻两次产犊间隔的天数，又称胎间距。正常产犊间隔在15个月以下。

（5）情期配种指数 指每次妊娠所需配种的情期数。

配种指数＝配种情期数/妊娠头数

（6）受孕配种指数 指每次妊娠的配种（输精）次数。正常情况下应低于1.6次。

受孕配种指数＝总输精次数/妊娠母牛头数

（7）产后空怀天数 正常为60～100天。

（8）繁殖率 繁殖率＝实产活犊数/配种母牛数×100%

（9）繁殖成活率 繁殖成活率＝断奶时存活犊牛数/配种母牛数×100%

3.提高母牛繁殖力技术

（1）加强饲养管理 维持适当膘情是保证母牛正常发情的物质基础，同时应注意日粮中营养物质的全价性，特别是矿物质和维生素的供应要全面，冬季保证牛舍的温度在0℃以上。

（2）及时检查和治疗不发情的母牛 人工催情可采用一次注射孕马血清10～20毫升，隔6天再注射一次20～30毫升。

（3）犊牛按时断奶，促使母牛产后及早发情。一般3～4个月断奶。

第六章　肉牛育肥

肉牛育肥是以获得较高的日增重、优质牛肉和取得最大经济效益为目标的饲养方式。随着对反刍动物营养研究的不断深入和饲料工业化的不断发展，肉牛的日增重、饲料转化率不断提高，出栏年龄也逐渐提前，牛肉品质不断提高。特别是国民经济收入迅猛增长、健康营养消费意识日益增强，中高端牛肉的市场需求与日俱增，使肉牛育肥成为肉牛生产的关键环节。肉牛育肥的实质，就是通过给肉牛创造适宜的管理条件、提供丰富的日粮营养，以期在较短的时间内获取较大的日增重和更多的优质牛肉，在繁荣市场供给的基础上，获取肉牛产业巨大的经济效益（图6-1）。

图6–1　肉牛育肥生产

一、育肥原理

牛的营养需要粗略分为三类：

（1）基础代谢需要　即在不增重、不生产、不失重的条件下维持其生命特征（包括体温、新陈代谢、逍遥运动等）的营养需要，又称为基础需要或维持需要。

（2）生长发育需要　即在维持需要的基础上增加机体正常增长的营养需要，如由幼龄到成年肌体不断增大的营养需要。

（3）生产需要　即在维持和生长发育营养需要的基础上，再增加繁殖、泌乳、育肥等产犊、产奶、产肉，形成产品的需要。

育肥是肉牛生产的重要组成部分，其营养需要是在正常生长发育需要的基础上，再增加囤肥的营养需要。

可见，所谓肉牛育肥，就是必须使日粮中的营养成分含量高于牛本身维持和正常生长发育所需的营养，使多余的营养以体组织的形式沉积于体内，获得高于正常生长发育的日增重，以缩短生产周期，达到肥牛出栏的目的。对于幼牛，其日粮营养应高于维持营养需要和正常生长发育所需营养；对于成年牛，则要大于维持营养需要。

由于维持需要没有直接产品，仅是维持生命活动所必需。所以在育肥过程中，日增重愈高，维持需要所占的比重愈小，饲料转化效率就愈高。各种牛只要体重一致，其维持需要量相差不大，仅仅是沉积的体组织成分的差别，所以降低维持需要量的比例是肉牛育肥的中心问题，或者说，提高日增重是肉牛育肥的核心。

牛的日增重受不同生产类型、不同品种、不同年龄、不同营养水平以及不同饲养管理方式的直接影响，同时确定日增重大小也必须考虑经济效益和牛的健康状况。过高的日增重，需要较高的营养水平和相对较好的管理条件，因而有时也不太经济。在我国现有生产条件下，最后3个月育肥的日增重以1.0 ~ 1.5千克比较经济。

不同的营养供给方式会影响肉质。养殖户可根据市场状况，生产适销对路的牛肉。一般育肥肉牛，可分为前中后三个阶段或育肥期，生产高脂肪牛肉，出口日本、韩国时，应采取低—高、中—高、高—高的营养供给方式；生产低脂肪牛肉，宜采取中—中，即持续的中等营养供给方式。

二、犊牛的育肥或犊牛肉生产

犊牛育肥即指用较多数量的奶饲喂犊牛，并把哺乳期延长到4 ~ 7月龄，断奶后屠宰。因犊牛年幼，其肉质细嫩，肉色全白或稍带浅粉色，味道鲜美，带有乳香气味，故有“小白牛肉”之称，其价格高出一般牛肉8 ~ 10倍。国外牛奶生产过剩的国家，常用廉价牛奶生产这种牛肉（图6-2）。在我国，进行小白牛肉

图6-2　高档小白牛肉生产

生产，可满足星级宾馆饭店对高档牛肉的需要，是一项具有广阔发展前景的产业。

（一）犊牛在育肥期的营养供给

犊牛育肥时由于其前胃正在发育，消化能力尚不健全，对营养物质的要求也就严格。初生时所需蛋白质全为真蛋白质，肥育后期日粮中真蛋白质也应占粗蛋白质的90%以上，消化率应达87%以上。

（二）犊牛育肥方法

优良肉用品种、肉乳兼用和乳肉兼用品种的犊牛，均可采用这种育肥方法生产优质牛肉。但由于代谢类型和习性的不同，乳用品种犊牛在育肥期较肉用品种犊牛的营养需要约高10%。才能取得相同的增重。

1. 高档小白牛肉生产　初生犊牛采用随母哺乳或人工哺乳方法饲养，保证及早和充分吃到初乳，3天后完全人工哺乳，4周前每天按体重的10%～12%喂奶，5～10周龄喂奶量为体重11%，10周龄后喂奶量为体重的8%～9%。单纯以奶作为日粮，在犊牛幼龄期只要认真注意奶的消毒、奶温，特别是喂奶速度等，犊牛不会出现消化不良问题。但犊牛15周龄之后由于瘤胃发育、食管沟闭合不如幼龄，所以喂奶速度必须要慢。从开始人工喂奶到出栏，喂奶容器的外形与颜色必须一致，以强化食管沟的闭合反射。发现犊牛粪便异常时，可减奶，掌握好喂奶速度；恢复正常时，逐渐恢复喂奶量。可在奶中加入抗生素以抑制和治疗痢疾，但出栏前5天必须停止添加抗生素，以免肉中含有抗生素残留，5周龄以后采取栓系饲养。育肥方案见表6-1。

表6-1　利用荷斯坦公犊牛全乳生产小白牛肉方案

周龄	体重（千克）	日增重（千克）	日喂奶量（千克）	日喂次数
0～4	40～59	0.6～0.8	5～7	3～4
5～7	60～79	0.9～1.0	7～8	3
8～10	80～100	0.9～1.1	10	3
11～13	101～132	1.0～1.2	12	3
14～16	133～157	1.1～1.3	14	3

2.优质小白牛肉生产 单纯用牛奶生产“小白牛肉”成本太高，可用代乳料饲喂2月龄以上的肥犊，以节省成本。但用代乳料会使肌肉颜色变深，所以代乳料必须选用含铁量低的原料，并注意粉碎的细度。犊牛消化道中缺乏蔗糖酶，淀粉酶量少且活性低，故应减少谷实用量，所用谷实最好经膨化处理，以提高消化率，减少腹泻等消化不良发生。选用经乳化的油脂，以乳化肉牛脂肪（经135℃以上灭菌）效果为佳。代乳料最好煮成粥状（含水80%～85%），晾凉到40℃饲喂。出现腹泻或消化不良，可加喂多酶、淀粉酶等治疗，同时适当减少喂量。用代乳料增重效果不如全乳（图6-3）。饲养方案见表6-2，代乳料方案见表6-3。

图6-3　小白牛肉生产

表6-2　全乳+代乳料生产小白牛肉

周龄	体重（千克）	日增重（千克）	日喂奶量（千克）	日代乳料（千克）	日喂次数
0～4	40～59	0.6～0.8	5～7		3～4
5～7	60～77	0.8～0.9	6	0.4（配方1）	3
8～10	77～96	0.9～1.0	4	1.1（配方1）	3
11～13	97～120	1.0～1.1	0	2.0（配方2）	3
14～17	121～150	1.0～1.1	0	2.5（配方2）	3

表6-3　生产白牛肉的代乳料配方（%）

配方号	熟豆粕	熟玉米	乳清粉	乳化脂肪	食盐	磷酸氢钙	赖氨酸	蛋氨酸	多维	微量元素	香兰素
1	55	12.7	10	20	0.5	1.5	0.2	0.1	适量	适量	0.01～0.02
2	55	17.7	15	10	0.5	1.5	0.2	0.1	适量	适量	0.01～0.02

说明：配方1可加土霉素药渣0.25%，两配方的微量元素不含铁。

育肥期间日喂3次，自由饮水，夏季饮凉水，冬春季饮温水（20℃左右）；严格控制喂奶速度、奶的卫生及奶的温度等，以防发生消化不良；若发生消化不良，可酌情减少喂料量并给予药物治疗。让犊牛充分晒太阳及运动，若无条件要每天补充维生素D500 ～ 1000国际单位。5周龄后拴系饲养，尽量减少运动。做好防暑保温工作，经180 ～ 200天的育肥期，体重达到250千克时出栏。因出栏体重小，提供净肉少，成本较高，但市场价格昂贵。

三、育成牛的育肥

处于强烈生长发育阶段的育成牛，只要进行合理的饲养管理，就可以生产大量仅次于“小白牛肉”的品质优良、成本较低的“小牛肉”。

（一）育成牛育肥期营养供给

育成牛体内沉积蛋白质和脂肪的能力很强，充分满足其营养需要，可以获得较大的日增重，肉牛育成牛的营养需要见表6-4。

表6-4　去势育成牛育肥期每日营养需要

体重（千克）	日增重（千克）	干物质（千克）	粗蛋白（克）	钙（克）	磷（克）	代谢能（兆焦／千克）	胡萝卜素（毫克）
150	0.9	4.53	540	29.5	13.0	10.7	25
	1.2	4.90	645	37.5	15.5	10.9	27
200	0.9	5.34	600	30.5	14.5	10.5	29.5
	1.2	6.0	700	38.5	17.0	10.7	33
250	0.9	6.11	650	31.5	16.0	10.3	33.5
	1.2	6.85	755	39.5	18.5	10.5	37.5
300	0.9	6.85	700	32.5	17.5	10.0	37.5
	1.2	7.82	805	40.0	20.0	10.3	43
350	0.9	7.56	750	33.5	19.0	10.0	41.5
	1.2	8.71	855	41.0	21.5	10.3	48.0
400	0.8	7.96	765	32.0	19.5	10.0	44.0
	1.0	8.55	830	37.0	21.0	10.3	47.0
450	0.7	8.30	775	31.0	20.5	9.8	45.5
	0.9	8.94	845	35.5	22.0	10.0	49.17

（二）育成牛育肥方法

1.幼龄牛强度育肥 周岁出栏所产牛肉也称犊牛肉。犊牛断奶后立即育肥，在育肥期给予高营养，使日增重保持在1.2千克以上，周岁体重达400千克以上，结束育肥（图6-4、图6-5）。

图6-4 规模肉牛育肥生产

图6-5 18~30月龄出栏肉牛育肥生产现场

育肥时采用舍饲拴系饲养，不可放牧，因放牧行走消耗营养多，日增重难以超过1千克。定量喂给育肥牛精料和主要辅助饲料，粗饲料不限量，自由饮水，尽量减少运动，保持环境安静。育肥期间每月称重，根据体重变化调整日粮，气温低于0℃和高于25℃时，气温每升、降5℃，应加喂10%的精料。公牛不必去势，利用公牛增重快、省饲料的特点获得更好的经济效益，但应远离母牛，以免被异性干扰降低其育肥效果。若用育成母牛育肥，日料需要量较公牛增加20%左右，才能获得相同日增重。

对乳用品种育成公牛进行强度育肥时，可以得到更大的日增重和出栏重。但乳用品种牛的代谢类型不同于肉用品种牛，所以每千克增重所需精料量较肉用品种牛高10%以上，并且必须在高日增重下，牛的膘情才能改善（即日增重应达1.2千克以上）。

用强度育肥法生产的牛肉，肉质鲜嫩，而且成本较育肥犊牛低，每头牛提供的牛肉比育肥犊牛增加15%，是经济效益最大、应用最广泛的一种育肥方法。但此法精料消耗多，只宜在饲草料资源丰富的地区应用。

表6-5　肉用育成公牛强度育肥日粮

月龄	体重（千克）	日增重（千克）	各类粗料的配合料日量（千克）		
			青草和作物青割	干草、玉米秸、谷草、氨化秸秆	麦秸、稻草、豆秸
7	180 ~ 216	1.2	3.0	3.3	3.9
8	216 ~ 252	1.2	3.2	3.6	4.2
9	252 ~ 288	1.2	3.4	3.9	4.6
10	288 ~ 324	1.2	3.6	4.2	5.0
11	324 ~ 360	1.2	3.7	4.4	5.3
12	360 ~ 400	1.2	3.9	4.6	5.7

注：青粗饲料不限量

2. 18 ~ 30月龄出栏牛育肥　将犊牛自然哺乳至断奶，接着充分利用青草及农副产品饲喂到14 ~ 20月龄，体重达到250千克以上开始育肥。进行4 ~ 6个月的育肥，体重达到500 ~ 600千克时出栏。育肥前利用廉价饲草使牛的骨架和消化器官得到较充分的发育，进入育肥期后，对饲草料品质的要求较低，从而使育肥费用减少，其每头牛提供的肉量较多，这一方法是目前生产上用得较多、适应范围较广、粮食用量较少、经济效益较好的一种育肥方法。

我国大部分地区越冬饲草比较缺乏，而大部分牛在春季产犊，所以1.5岁出栏较2.5岁出栏少养一个冬季，能减少越冬饲草的消耗量，并且其生产的牛肉质量较好，效益也较好。但在饲草料质量不佳、数量不足的地区，只能采用2.5岁出栏的方法。

在华北山区，1.5岁出栏比2.5岁出栏体重虽低60千克，多耗160千克精料，但少耗880千克干草和1 100千克青草，并节省一年人工和各种设施消耗，相同条件下生产周转效率高于2.5岁出栏模式的60%以上，总效益较好（表6-6、表6-7、表6-8）。

表6-6　改良牛及良种黄牛4月份出生公牛18月龄出栏舍饲育肥模式（华北地区）

一、有完善的防暑降温措施						
日龄		0 ~ 180	181 ~ 365	366 ~ 430	431 ~ 500	501 ~ 550
日粮	青粗料	随母哺乳补草补料（千克）	青草、干草、玉米秸、玉米秸青贮	青草	青草	干草、玉米秸、玉米秸青贮

（续）

一、有完善的防暑降温措施							
日龄		**0～180**	**181～365**	**366～430**	**431～500**	**501～550**	
	配合料		青草时用3号或4号料1.7～2.7千克，其他草用14号料3.0～3.4千克	3号或4号料（表6-8）2.7千克	3号或4号料（表6-8）4.0千克	14号料（表6-8）5.4～5.7千克	
日增重（千克）		0.65	1.0	1.0	1.2	1.2	
体重（千克）		25～140	141～325	326～690	391～475	476～540	
二、防暑降温措施不完善							
日龄		**0～180**	**181～365**	**366～430**	**431～500**	**501～550**	**551～585**
日粮	青粗料	随母哺乳补草补料（千克）	青草、干草、玉米秸、玉米秸青贮	青草	青草	干草、玉米秸、玉米秸青贮	干草、玉米秸、玉米秸青贮
	配合料		青草时用3号或4号料1.7～2.7千克，其他草用14号料3.1～3.4千克	3号或4号料（表6-8）2.7千克	3号或4号料（表6-8）2.6～2.8千克	14号料（表6-8）5.1～5.4千克	14号料（表6-8）5.4～5.7千克
日增重（千克）		0.65	1.0	1.0	0.7	1.2	1.2
体重（千克）		25～140	141～325	326～390	391～440	441～500	501～540

表6-7　改良牛及良种黄牛4月份出生公牛30月龄出栏舍饲育肥方案（华北地区）

日龄		**0～180**	**181～365**	**366～565**	**566～730**	**731～900**
日粮	青粗料	随母哺乳补草补料（千克）	青草、干草、玉米秸、玉米秸青贮	放牧青草	玉米秸、玉米秸青贮	青草
	配合料		青草时不用料，其他草用14号料1.5～2.0	不补料	14号料1.5～2.0	4号料3～3.5
日增重(千克)		0.65	0.5	0.5	0.5	1.0
体重(千克)		25～140	141～232	233～332	333～415	416～600

表6-8　育肥牛精料混合料配方（%）

配方	玉米	棉籽饼	麦麸	胡麻饼	豆饼	石粉	磷酸氢钙	食盐	维生素A（国际单位／千克）	小苏打
1	72				25		2	1	1 000	

（续）

配方	玉米	棉籽饼	麦麸	胡麻饼	豆饼	石粉	磷酸氢钙	食盐	维生素A（国际单位／千克）	小苏打
2	67				30		2	1	1 000	
3	67.3		19.1	9.2	1.9	1.5		1		
4	68.5		19.5	9.5		1.5		1		
5	68.11		19.4	9.39	1.1	1		1		
6	68.87		19.8	9.35		1		1	胡萝卜1kg	
7	58.85		24.5	14.16	0.49	1		1		
8	51.70		21.4	12.5	12.4	1		1		
9	69		19.7	9.3		1		1		
10	74		15.6	8.4		1		1		
11	74.6		15.7	8.7		1		1		
12	83.4		14.6			1		1		
13	38.5	29	30			1		1		0.5
14	32	51	14.5			1		1		0.5
15	50	25	22.5			1		1		0.5
16	46.4	15.2	14.3		22.6			1		0.5
17	36	47	14.5			1		1		0.5
18	68	15.5	14			1		1		0.5
19	64.7	20.5	13.3					1		0.5
20	46	15	11		25.5	1		1		0.5
21	47.6	26.9	23			1		1		0.5
22	64	19.5	15					1		0.5
23	49	29	19.5			1		1		0.5

育成牛育肥可采用舍饲与放牧两种方法，放牧时以利用小围栏全天放牧（图6-6），就地饮水和补料效果较好，避免放牧行走消耗营养而使日增重降低。放牧回圈后不要立即补料，待数小时后再补料，以免减少采食量。气温高于30℃时可早晚和夜间放牧。舍饲育肥以日喂3次效果较好，饲养管理与周岁内强度育肥法相同。

图6–6　育肥前期放牧管理

四、成年牛的育肥

用于育肥的成年牛大多是役牛、奶牛和肉用母牛群中的淘汰牛，一般年龄较大、产肉率低、肉质差，经过育肥，使肌肉之间和肌纤维之间脂肪增加，肉的味道改善，并由于迅速增重，肌纤维、肌肉束迅速膨大，使已形成的结缔组织网状交联松开，肉质明显变嫩，经济价值提高。

（一）成年牛育肥期营养供给

成年牛已停止生长发育，其育肥主要是增加脂肪的沉积，需要能量充足，其他营养物质用来满足维持基本生命活动的需要以及恢复肌肉等组织器官最佳状态的需要。所以除能量外，其他营养物质需要略少于育成牛。肉用成年母牛育肥营养需要见表6-9，乳用品种牛相同增重情况需要增加10%左右的营养。在同等条件下，母牛能量给量应高于公牛10%以上，阉牛则高5%～10%。

表6-9　肉用成年母牛在育肥期的营养需要

体重（千克）	日增重（千克）	干物质（千克）	粗蛋白（克）	钙（克）	磷（克）	维持需要（维持净能，兆焦）	增重需要（增重净能，兆焦）	胡萝卜素（克）
350	0.6	6.42	650	26	15.0	26.1	11.6	35.0
	1.0	7.94	790	36	18.0		20.6	43.5
	1.4	9.46	930	46	20.5		29.4	52.0
400	0.6	7.05	700	27	16.5	28.8	12.8	39.0
	1.0	8.70	840	37	19.0		22.76	48.0
	1.4	10.35	970	47	21.5		32.6	56.9
450	0.6	7.67	750	28.5	17.5	31.5	14.0	42.0
	1.0	9.45	880	38	20.5		24.9	52.0
	1.4	11.23	1 020	47.5	23.0		35.5	62.0
500	0.6	8.27	790	29.5	19	34.1	15.2	45.5
	1.0	10.10	930	39	21.5		26.9	55.5
	1.4	12.09	1 060	48.5	24.0		38.5	66.5
550	0.6	8.87	840	31	20.0	36.6	16.3	49.0
	1.0	10.40	940	37.5	22.0		28.9	57.5
	1.4	11.93	1 040	44.5	24.0		41.3	65.5

（续）

体重（千克）	日增重（千克）	干物质（千克）	粗蛋白（克）	钙（克）	磷（克）	维持需要（维持净能，兆焦）	增重需要（增重净能，兆焦）	胡萝卜素（克）
600	0.6	9.46	880	32	21.5	39.1	17.4	52.0
	1.0	10.54	950	66.5	23.0		30.8	58.0
	1.4	11.62	1 020	41.0	24.0		44.2	64.0
650	0.6	10.03	920	33	23.0	41.5	18.4	55.0
	1.0	11.18	990	37.5	24.0		32.7	61.5
	1.4	12.33	1 060	42.0	25.0		46.7	68.0

（二）成年牛的育肥方法

育肥前应对牛进行全面健康检查，病牛均应治愈后育肥；过老、采食困难的牛不要育肥；公牛应在育肥前10天去势，母牛在配种产犊后立即育肥。成年牛育肥期以3个月左右为宜，不宜过长，因其体内沉积脂肪能力有限，满膘后就不会增重，应根据牛膘情灵活掌握育肥期长短。膘情较差的牛，先用低营养日粮使其增重，过一段时间后调整日粮到高营养水平，然后再育肥。育肥期中应按增膘程度调整日粮、延长育肥期或提前结束育肥。生产实际中，在恢复膘情期间（即育肥第一个月）往往增重很高，饲料转化效率较正常高得多（图6-7）。有草坡的地方可先放牧育肥1～2个月，再舍饲育肥1个月。成年牛育肥方案见表6-10。

图6-7　成年牛育肥

表6–10　肉用成年牛育肥方案

育肥天数（天）	体重（kg）	日增重（kg）	精料（kg）	甜菜渣（kg）	玉米青贮（kg）	胡萝卜（kg）	青干草（kg）
0 ~ 30	600 ~ 618	0.6	2.0 ~ 2.5	6.0	9.0	2.0	不限量
31 ~ 60	618 ~ 648	1.0	5.7 ~ 6.0	9.0	6.0	2.0	
61 ~ 90	648 ~ 685	1.2	8.0 ~ 9.0	12.0	3.0	2.0	

五、高端牛肉生产

高端牛肉俗称五花（雪花）牛肉，是脂肪沉积到肌肉纤维之间，形成明显的红白相间、状似大理石花纹的牛肉，故国内外一致称之为大理石状牛肉。这种牛肉香、鲜、嫩，是中西餐均宜的牛肉，因此价格十分昂贵，育肥生产要求严格。

1.品种选择　不是所有品种的牛都适宜生产大理石状牛肉。瘦肉型品种牛难以获得高档牛肉。我国良种黄牛较易得到高档牛肉，如山西的晋南牛、陕西的秦川牛、山东的鲁西牛、河南的南阳牛和郏县红牛、辽宁的延边牛等（图6-8）。欧洲品种中以安格斯牛和海福特牛等品种较佳。

图6–8　良种黄牛育肥生产

我国纯外来品种架子牛尚欠缺，改良牛具备外来品种牛与我国本地黄牛的共同特点。所以可选用改良牛生产五花肉，效果较好的有安格斯牛改良牛，其次为西门塔尔牛、海福特牛和短角牛等品种的改良牛。

2.年龄选择　因为牛的生长发育规律是脂肪沉积与年龄呈正相关，即年龄越大沉积脂肪的可能性越大，而肌纤维间脂肪是最后沉积的。所以生产“五花牛肉”应该选择年龄2 ~ 3周岁的牛。年龄大虽然更易形成五花肉，但年龄与肌肉嫩度、肌肉与脂肪颜色有关，一般随年龄增加肉质变硬、颜色变深变暗、脂肪逐渐变黄。

3.性别选择　一般母牛沉积脂肪最快，阉牛次之，公牛沉积最迟而慢，肌肉颜色以公牛深、母牛浅、阉牛居中。饲料转化效率以公牛最好，母牛最差。综合效益，年龄较小时，公牛不必去势；年龄偏大时，公牛去势（育肥期开始之前10天）。母牛年龄稍大亦可（母牛肉一般较嫩，年龄大些可改善肌肉颜色浅的缺陷）。不同性别牛的膘情与“五花肉”形成并不一样。公牛必须达到满膘以上，即背脊两侧隆起极明显，后肋也充满脂肪时，才达到相当水平。

4.育肥营养水平　要得到“五花肉”，应在不影响正常消化的基础上，尽量提高日粮能量水平，但应该满足蛋白质、矿物质和微量元素的给量。目的是追求高的日增重，因为只有高日增重下，脂肪沉积到肌纤维之间的比例才会增加，而且高日增重也可促使结缔组织（肌膜、肌鞘膜等）已形成的网状交联松散以重新适应肌束的膨大，从而使肉变嫩。高日增重之下圈养时间缩短，提高了育肥生产效率。

六、育肥牛的饲养

育肥牛的饲养可采取放牧和舍饲两种方法。放牧育肥可降低成本，即节省青粗饲料的开支，但只适于一般低档牛肉的生产。因为放牧行走耗费能量，使牛难以获得较大的日增重，日增重小则沉积脂肪也少，使肉的口感和风味均较差。牛运动量大，肌肉的颜色变深，结缔组织交联紧密，使肉质变硬（即不够嫩）。在同样营养水平下放牧的饲料转化效率（增重）较低。

（一）放牧育肥饲养

放牧育肥必须选择牧草丰盛与水源、牛圈邻近的天然草场，人工草场更佳（图6-9）。育肥前给牛驱虫，条件许可时，以全天放牧自由采食为好，但要获得500克以上的日增重，则必须补喂配合饲料。最佳补饲方法是在牛归牧后夜间定时把配合饲料投于牛圈的饲槽

图6-9　肉牛放牧育肥

中让其采食。配合饲料应按当地牧草供应状况调配，使营养元素搭配恰当。对于从外地购入或从未喂过精料的牛，补料时必须从少到多，最少经7 ～ 10天过渡期才能补到最大量。因为放牧牛每天补料一次，难以大量补料；若每天一次大量补料，不能与粗料配合，极易造成牛消化失调。牛每天饮水不少于3次。枯草期不宜放牧育肥。此外，还要注意牧地应地势平整，无各种污染和蛇害、兽害。

（二）舍饲育肥

舍饲育肥可获得优质牛肉，饲料转化效率也高。饲养方式有小围栏自由采食，小围栏定时饲喂，定时上槽、下槽、运动场休息和全天拴系定时饲喂等。

1.小围栏饲喂　按牛大小每栏6 ～ 12头牛，由于牛的竞食，可获最大的采食量，因而牛的日增重较高。采取自由采食时牛的增重均匀，但草料浪费较大，因草料长时间在槽中被牛唾液沾和后，牛即不爱吃。小围栏定时上槽虽然可以避免上述缺点，但由于牛的竞争特性，造成少数牛吃食不足，育肥增重效果不均匀，少数牛拖后出栏。小围栏设施的投资也较大（图6-10）。

图6-10　肉牛舍内散栏（小围栏）育肥

2.定时上槽拴系饲喂，下槽运动场休息、饮水　此法由于每头牛固定槽位，竞食性不足，使干物质采食量达不到最高，但草料浪费少，牛的育肥增重均匀。缺点是费工（上槽拴牛、下槽放牛耗时），牛在运动场中奔跑和抵架的概率大于小围栏。由于运动场面积占用大，土地投入成本加大。

3.全天拴系饲养　这种方法节省劳动力，而且牛的运动量受到限制，因而饲料效率最高，可获得品质优良的牛肉。该方法可按个体情况调整饲料量，土地与牛舍投入均节省。但由于牛在育肥期间缺少活动而抗病力较差，随体膘增加食欲下降较其他饲养方式明显，可能全育肥期获得的平均日增重略逊于小围栏，但综合效益较好。全天拴系时必须给牛饲槽安装自动饮水器或饲喂后向饲槽中添水，让牛随时能饮到清洁的水。因为牛长期缺乏阳光直接照射，所以日粮中必须添加足够的维生素D。牛舍的清洁卫生、牛的防疫检疫及健康观察要更细心严格。公牛育肥还要注意僵绳的松紧适度，避免牛互相爬跨造成摔、跌、伤残的严重损失（图6-11）。

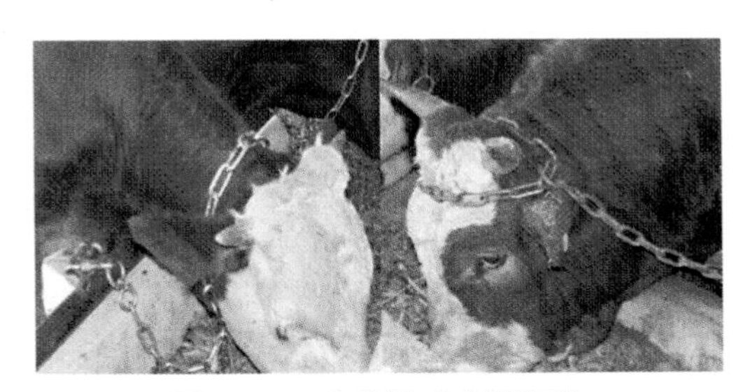

图6-11　肉牛拴系育肥饲养

（三）饲喂方法

1.日喂次数　以自由采食最好，以日喂两次最差。日喂两次相当于人为限制了牛的采食。因为牛的瘤胃容积所限，两次饲喂瘤胃充满的时间少，而自由采食则瘤胃全天充满时间最长，达到充分采食。若延长饲喂时间，则往往造成牛连续长时站立，增加能量消耗，降低饲喂效果。在高精料日粮下，自由采食可明显降低消化道疾病的发病率。例如，瘤胃酸中毒，日喂两次时，由于精料集中在两次食入，瘤胃中精料量达峰值，短时激烈发酵，产生有机酸量大，使瘤胃pH降到5以下造成酸中毒。而全天自由采食则不会出现发酵的明显峰值，使牛耐受高精料日粮，效果较好。日喂3次远较日喂2次好，（精料发酵造成有机酸量峰值几乎下降1/3。日喂4次较日喂3次好，但日喂4次饲养员劳动强度大，必须采用两班制（即饲养工增加1倍），使所得饲养效果的经济效益为零或负。全天自由采食则常造成草料浪费，使成本增加。以采取3次不均衡上槽：6：30 ～ 8：30、13：30 ～ 15：30、20：00 ～ 21：30，每天总上槽时间5.5 ～ 6小时为宜。

2.饲喂方法　目前饲喂方法有几种，其一是先喂青粗饲料，即过去我国农村饲喂役牛的方法，此法在精料少的时候效果较好。但日喂精料量大时，牛的食欲降低，牛等待吃副料和精料，不好好吃粗料，使总采食量下降，下槽后剩料多，造成浪费。先喂精料和副料后喂粗料，则可避免上述缺点，但是又存在新的问题，当牛食欲欠佳时，吃光了精料和副料就不再吃青粗料，造成精粗比例严重失调，导致消化失调、紊乱和酸中毒等，经济损失大。最好的方法是把精料和青粗料、副料混合成“全日粮”饲喂，这样可避免牛挑食、待食和采食速度过快，由于各种饲料混合食入，不会产生精粗饲料比例失调，每顿食入日粮性质、种类、比例均一致，瘤胃微生物能保持最佳的发酵（消化）区系，使饲料转化率达到最佳水平。但全日粮要现拌现喂，不要拌得过多，以免冬天冰冻、夏天讴臭造成损失。

（四）提高饲喂效果的措施

1.提高粗饲料的质量 例如使用玉米全株青贮、氨化秸秆、人工优质牧草等。青粗饲料质量提高，获得同样日增重可减少精料比例，并避免牛消化器官疾病发生。氨化秸秆除提高营养价值外，还增加了对酸的缓冲能力，与青贮料混合饲喂，可降减青贮低pH的负面影响，使牛采食量增大；对高精料日粮，则可降低精料在瘤胃发酵快、生成酸量大的负面影响。

2.提供充足的高热能日粮 牛育肥主要是沉积脂肪，所以要求日粮为高热能类。配合饲料谷实类比例大，谷实类含淀粉多，生淀粉主要在瘤胃中被细菌分解为有机酸（丙酸比例大），被吸收后转化为脂肪。谷类粉碎后细度增加，牛不爱吃；过粗则牛未完全消化即排出体外，造成浪费。而且牛的小肠淀粉酶分泌量不足、活性低，消化生淀粉的能力有限。所以在喂大量高谷物的精料时，牛会少吃和拒吃。对谷实采取蒸汽压扁和膨化可提高适口性，因淀粉已被糊精化，在牛小肠中麦芽糖酶的量与活性优于淀粉酶，使到达小肠的谷实残渣得到较充分消化，减少结肠反应，由于小肠消化获得较多葡萄糖，使瘤胃产生的乙酸转化为脂肪的效率提高。因此，这两种加工方法可使谷实的转化效率提高10%～15%。

制作高温颗粒饲料也是极有效的提高牛采食量和饲料效果的方法，但成本增加。

没有条件对谷实进行蒸汽压扁、膨化或制粒时，可将谷实粗粉（2毫米）用常压蒸汽处理20～30分钟，晾至适温饲喂，也可得到相似效果。在相同育肥期下，牛的日增重、胴体背膘厚、肌肉大理石状、胴体重、净肉率等，熟化组均明显优于生料组。

3.减少谷类，增加蛋白质饲料的比例 例如减少玉米20%，用饼粕代替。这种日粮供给方法牛食欲旺盛，不存在剩料。因为减少谷实的比例，未消化淀粉残渣到小肠的量减少，不易超过牛消化生淀粉的能力。过量的蛋白质转化为氨基酸被牛消化吸收，在肝脏脱氨基转化为葡萄糖，这一过程能量损失18%左右；但由于葡萄糖来源增加使乙酸沉积效率提高，弥补了大部分脱氨基的能量损失，所以效果也颇佳。用饼粕代替部分谷实，在炎热的夏季具有积极意义，增加饼粕可减少在瘤胃被发酵的物质，使发酵热减少。淀粉是易发酵物质，牛食入后瘤胃发酵短时产生大量热，外界气温偏高时，发酵热散发不畅，瘤胃内温度上升，若超过40℃时，则使瘤胃微生物的繁殖与活性下降，消化能力降低。所以增加饼粕比例可起到降低发酵热，使瘤胃功能维持正常的作用。因此，这一方法也是提高肥牛夏天抗热应激的措施之一。冬天则可维持日粮谷实的正常比例。在减少谷实比例时，可在配合料中喷入油脂或用整粒棉籽和膨化大豆代替部分配合料，都能明显提高育肥效果。油脂喷入量以不使日粮脂肪含量超过6%为佳，一般在精料中按6%～8%喷入为佳。采用“钙皂”（脂肪酸钙）加入效果更好，可在精料中加入12%～14%，但钙皂成本较高。

4.利用各种糟渣类副料代替部分精料　可降低日粮成本，提高经济效益。一般糟渣类虽然纤维素含量不低，但其物理性酷似精料，因此喂量过大同样会造成牛消化紊乱。一般喂量达到日粮的20%（按干物质计算）效果最佳，极限用量不要超过50%，否则会出现负面效应。按喂量适当减少精料量，注意补充矿物质、维生素、微量元素和缓冲剂。

5.使用缓冲剂　育肥期日粮均为高精料类型，必须适量使用缓冲剂，以减少瘤胃酸中毒，提高饲料消化率。缓冲剂可采用3～5份小苏打与1份氧化镁组成，占精料的0.5%～1%。

日粮稳定十分重要，往往被农户和育肥场所忽视，使饲料效果达不到最佳。

（五）牛肉质量控制

1.肌肉色泽　除性别、年龄、品种的影响外，日粮影响是可以控制的。一般日粮缺铁时间长，会使牛血液中铁浓度下降，导致肌肉中铁元素分离，以补充血液铁的不足，使肌肉颜色变淡，但会损害牛的健康和妨碍增重，所以只能在计划出栏期的30～40天内应用。肌肉色泽过浅（例如母牛），则可在日粮中使用含铁量高的草料。如西红柿、格兰马草、须芒草、阿拉伯高粱、菠萝皮（渣）、椰子饼、红花饼、玉米酒糟、燕麦、芝麻饼、土豆及绿豆粉渣、意大利黑麦草、燕麦麸、绛三叶、苜蓿等，也可在精料中配入硫酸亚铁等，使每千克饲料铁含量提高到500毫克左右。

2.脂肪色泽 脂肪色泽越白与肌肉亮红色（肌肉在空气中氧化形成氧合肌红蛋白时的色泽）相衬，才越悦目，才能被评为高等级。脂肪越黄，感观越差，会降低肉等级。脂肪颜色变黄主要是由于花青素、叶黄素、胡萝卜素沉积在脂肪组织中所造成。牛随日龄增大，脂肪组织中沉积的上述色素物质增加，使颜色变深。要取得肌肉内外脂肪近乎白色，对年龄较大的牛（3岁以上），采用可溶性色素少的草料作日粮。脂溶性色素物质较少的草料有干草、秸秆、白玉米、大麦、椰子饼、豆饼、豆粕、啤酒糟、粉渣、甜菜渣、糖蜜等。用这类草料组成日粮饲喂3个月以上，可使脂肪颜色明显变浅。一般育肥肉牛在出栏前30天最好禁用胡萝卜、西红柿、南瓜、甘薯、黄玉米、青草、青贮、高粱糠、红辣椒、苋菜等，以免使脂肪色泽变黄。

3.牛肉嫩度 使肉质更嫩的办法是尽量减少牛的活动，同时尽量提高日增重。牛肉脂肪中饱和脂肪酸含量较多，为增加牛肉中不饱和脂肪酸的含量，特别是增加多不饱和脂肪酸的含量以提高牛肉的保健效果，可通过适量增加饲料中以鱼油为原料（海鱼油中富含ω-3多不饱和脂肪酸）的钙皂，一般用量不要超过精料的3%，以免牛肉有鱼腥味。

在牛的配合饲料中注意平衡微量元素的含量，一方面可以得到1 ∶ 10以上的增产效益，同时有利于提高牛肉的风味。

七、育肥牛管理

（1）认真完善生产记录，如出入牛场的牛均应有称重记录、日粮监测和消耗记录、疾病防治记录、气候和小气候噪声（牛舍内）监测记录等，作为改善经营管理、出现意外时弄清原因和及时解决突发事件的依据。

（2）认真执行疾病防治、环境、草料等检测工作。

（3）牛群必须按性别分开，若用激素法处理育肥牛，则出栏前10天必须终止，以免牛肉中残留激素，危害消费者健康。

（4）新购进牛，要在隔离牛舍观察10 ～ 15天，才能进入育肥牛舍。在隔离牛舍中驱虫和消除应激。经长途运输或驱赶的牛，当天和第二天可使用镇静剂加快应激消除。按牛的应激程度和恢复情况，酌情控制副料和精料投喂，一般头几天以不喂副料和精料为宜，待牛适应了新环境和新粗料以后，逐日增加副料和精料喂量，以便取得最优效果，避免应激和消化紊乱双重作用对牛造成的严重损失。

(5) 育肥牛舍每天饲喂后清理打扫一次，保持良好的清洁状态。牛体每天刷拭1 ~ 2次。夏天饲槽每周用碱液刷洗消毒一次。牛出栏后，牛床彻底清扫，用石灰水、碱液或菌毒灭消毒一次。

(6) 严格控制非生产人员进入牛舍（尤其是外来人员），周围有疫情时严禁外来人员进入。

(7) 认真拟定生产计划，按计划预备长期稳定的青粗料、精料的采购和供应。

(8) 制定日常生产（饲喂）操作规程，禁止虐待牛，不适合饲牧的人员立即调离。

(9) 做好防暑和防寒工作，其中防暑至关重要。

(10) 注意市场动态和架子牛产地情况，及早调整生产安排，以适应市场需求。

肉牛

第七章　肉牛饲料及其加工调制

一、肉牛饲料的分类

按照国际分类原则，肉牛饲料可分为青绿饲料、青贮饲料、粗饲料、能量饲料、蛋白质饲料、矿物质饲料、维生素饲料、添加剂饲料八大类。

（一）青绿多汁饲料

指天然水分含量60%及其以上的青绿多汁植物性饲料。以富含叶绿素而得名。青绿饲料水分含量高，多为70%～90%。粗蛋白质较丰富，品质优良，其中非蛋白氮大部分是游离氨基酸和酰胺，对牛的生长、繁殖和泌乳均具有良好的作用。常用的青绿饲料有禾本科牧草和豆科牧草。

1.禾本科青绿多汁饲料　禾本科青绿多汁饲料种类较多，主要有青饲玉米、高粱、大麦、燕麦、黑麦、高丹草（图7-1、图7-2）等。在禾本科青绿饲料中以青饲玉米品质最好，老化晚，饲用期长；青饲高粱特别是甜茎高粱品质也好。另外鸡脚草、无芒雀麦（图7-3）、牛尾草、羊草、披碱草、象草和苏丹草均为重要的禾本科牧草。鲜草既可直接饲喂肉牛，也可以调制成干草或青贮。

图7–1　饲草玉米

图7-2　高丹草

图7-3　无芒雀麦

2.豆科青绿饲料　豆科青绿饲料种类比禾本科少。豆科植物蛋白质、钙和磷含量比禾本科植物高，而可溶性碳水化合物比禾本科低。应用较多的主要是紫花苜蓿，另外三叶草、草木犀、金花菜、毛苕子、沙打旺、紫云英也是良好的豆科牧草（图7-4、图7-5、图7-6）。

图7-4　初花期紫花苜蓿

图7-5　小冠花

图7-6　红豆草

青绿饲料干物质和能量含量低，应注意与能量饲料、蛋白质饲料配合使用。青饲补饲量不要超过日粮干物质的20%。青绿饲草含有较多草酸，具有轻泻作用，易引起牛腹泻和影响钙的吸收。为了保证青绿饲料的营养价值，适时收割非常重要，一般禾本科牧草在孕穗期刈割，豆科牧草在初花期刈割。幼嫩的高粱苗、亚麻叶等含有氰苷，在瘤胃中可生成氢氰酸，引起中毒。喂前晾晒或青贮可预防中毒。饲喂鲜苜蓿草的牛应补饲干草，以防瘤胃臌气病的发生。

（二）青贮饲料

指将新鲜的青刈饲料作物、牧草或收获籽实后的玉米秸等青绿多汁饲料直接或经适当处理后，切碎、压实、密封于青贮窖、壕或塔内，在厌氧环境下，通过乳酸发酵而成。青贮饲料是养牛业最主要的饲料来源，在各种粗饲料加工中保存的营养物质最高（保存83%的营养）。粗硬的秸秆在青贮过程中可以得到软化，增加适口性，提高消化率。青贮饲料在密封状态下可以长年保存，制作简便，成本低廉。

常见青贮饲料主要有玉米青贮、玉米秸秆青贮（图7-7）、高粱青贮等。另外，冬黑麦、大麦、无芒雀麦、苏丹草等均是优质青贮原料。

图7–7　玉米秸青贮

在饲喂时，青贮饲料可以全部代替青饲料，但应与碳水化合物含量丰富的饲料搭配使用，以提高瘤胃微生物对氮素的利用率。牛对青贮饲料有一个适应过程，用量应由少到多逐渐增加，日喂量15 ～ 25千克。禁用霉烂变质的青贮料喂牛。

（三）粗饲料

干物质中粗纤维含量在18%以上的饲料均属粗饲料。包括青干草、秸秆、秕壳和部分树叶等。粗纤维含量高，可达25%～ 50%，并含有较多的木质素，难以消化，消化率一般为6%～ 45%；秸秆类及秕壳类饲料中的无氮浸出物主要是半纤维素和多缩戊糖的可溶部分，消化率很低，如花生壳无氮浸出物的消化率仅为12%。粗蛋白质含量低且差异大，为3%～ 19%。粗饲料中维生素D含量丰富，其他维生素含量低。优质青干草含有较多的胡萝卜素，秸秆和秕壳类饲料几乎不含胡萝卜素；矿物质中含磷很少，钙较丰富。

1.青干草　青干草是青绿饲料在尚未结籽以前刈割，经过日晒或人工干燥而制成的，较好地保留了青绿饲料的养分和绿色。干草作为一种储备形式，调节青饲料供应的季节性，是牛的最基本、最重要的饲料。可以制成干草的有禾本科牧草、豆科牧草、天然牧草等。优质干草叶多，适口性好，蛋白质含量较高，胡萝卜素、维生素D、维生素E及矿物质丰富。粗蛋白质含量禾本科干草为7%～13%，豆科干草为10%～21%；粗纤维含量高，为20%～30%；所含能量为玉米的30%～50%（图7-8）。

图7-8　青干草——紫花苜蓿

2.秸秆　农作物收获籽实后的茎秆、叶片等统称为秸秆。秸秆中粗纤维含量高，可达30%～45%；其中木质素多，一般为6%～12%。可发酵氮源和过瘤胃蛋白质含量极低，有的几乎等于零。单独饲喂秸秆时，牛瘤胃中微生物生长繁殖受阻，影响饲料的发酵，不能给宿主提供必需的微生物蛋白质和挥发性脂肪酸，难以满足牛对能量和蛋白质的需要。秸秆中无氮浸出物含量低，此外还缺乏一些必需的微量元素，并且利用率很低。除维生素D外，其他维生素也很缺乏。

该类粗饲料虽然营养价值很低，但在我国资源丰富，如果采取适当的补饲措施，如补饲尿素、淀粉类精料、过瘤胃蛋白质、矿物质及青饲料等，并结合适当的加工处理，如氨化、碱化及生物处理等，可提高牛对秸秆的消化利用率。

（1）玉米秸　刚收获的玉米秸，营养价值较高，但随着储存期加长（风吹、日晒、雨淋），营养物质损失较大。一般玉米秸粗蛋白质含量为5%左右；粗纤维为25%左右，牛对其粗纤维的消化率为65%左右。同一株玉米秸的营养价值，上部比下部高，叶片较茎秆高。不同品种玉米秸，营养价值不同。玉米穗苞叶和玉米芯营养价值很低（图7-9）。

（2）麦秸　包括小麦秸、大麦秸、燕麦秸等。小麦秸在麦秸中数量最多，春小麦比冬小麦好。小麦秸营养低于大麦秸，燕麦秸的饲用价值最高。麦秸的营养价值较低，其中木质素含量很高，含能量低，消化率低，适口性差，是质量较差的粗饲料。该类饲料饲喂肉牛时必须经过适当的氨化和碱化处理（图7-10）。

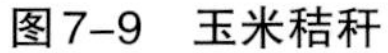
图7–9　玉米秸秆

图7–10　小麦秸

（3）稻草　营养价值低于玉米秸、谷草，优于小麦秸，是我国南方地区的主要粗饲料来源。含粗蛋白质2.6%～3.2%，粗纤维21%～33%。灰分含量高，但主要是不可利用的硅酸盐。钙多，磷含量低。牛对稻草的消化率为50%左右，其中对蛋白质和粗纤维的消化率分别为10%和50%左右，经氨化和碱化处理后可显著提高其消化率。

（4）谷草　在禾本科秸秆中，谷草品质最好，质地柔软、叶片多，适口性好（图7-11）。

图7–11　谷　草

（5）豆秸　指豆科秸秆。由于大豆秸木质素含量高达20%～23%，质地坚硬。但与禾本科秸秆相比，粗蛋白质含量和消化率较高。在豆秸中蚕豆秸和豌豆秸质地较软，品质较好。由于豆秸质地坚硬，应粉碎后饲喂，以保证充分利用。

3.秕壳　子实脱粒时分离出的夹皮、外皮等，营养价值略高于同一作物的秸秆，但稻壳和花生壳质量较差。

（1）豆荚、豆皮　含粗蛋白质5%～10%、无氮浸出物42%～50%，适于喂牛。大豆皮（大豆加工中分离出的种皮）营养成分为粗纤维38%、粗蛋白12%、净能7.49兆焦/千克，几乎不含木质素，故消化率高，对于反刍家畜其营养价值相当于玉米等谷物。

（2）谷类皮壳 包括小麦壳、大麦壳、高粱壳、稻壳、谷壳等，营养价值低于豆荚。稻壳的营养价值最差。

（3）棉籽壳 含粗蛋白质4.0%～4.3%、粗纤维41%～50%、消化能8.66兆焦/千克、无氮浸出物34%～43%。棉籽壳虽然含棉酚0.01%，但只要不长期大量饲喂对成年牛影响不大。喂小牛时最好喂1周更换其他粗饲料1周，以防棉酚中毒。

（四）能量饲料

能量饲料是指干物质中粗纤维含量在18%以下，粗蛋白质含量在20%以下，消化能在10.46兆焦/千克以上的饲料，是牛能量的主要来源。主要包括谷实类及其加工副产品（糠麸类）、薯粉类和糖蜜等。

1.谷实类饲料 谷实类饲料大多是禾本科植物成熟的种子，包括玉米、小麦、大麦、高粱、燕麦和稻谷等。其主要特点是：可利用能值高，适口性好，消化率高；粗蛋白质含量低，一般平均在10%左右，难以满足肉牛蛋白质需要；矿物质含量不平衡，钙低磷高，钙、磷比例不当；维生素含量不平衡，一般含维生素B_1、烟酸和维生素E丰富，维生A、维生素D含量低，不能满足牛的需要。

（1）玉米 玉米被称为“饲料之王”，其特点是可利用能量高，亚油酸含量较高。蛋白质含量低（9%左右）。黄玉米中叶黄素含量丰富，平均为22毫克/千克。钙、磷含量少，且比例不合适，是一种养分不平衡的高能饲料。玉米用量可占肉牛混合料的60%左右。压片玉米较制粒喂牛效果好，粗粉比细粉效果好。高油玉米，油含量比普通玉米高100%～140%；蛋白质和氨基酸、胡萝卜素等也高于普通玉米，喂牛效果好（图7-12）。

图7–12 玉 米

（2）小麦 在我国某些地区，小麦的价格比玉米便宜很多，可用小麦作饲料。与玉米相比，小麦能量较低，粗脂肪含量仅1.8%，但蛋白质含量较高，达12.1%以上，必需氨基酸的含量也较高。小麦的过瘤胃淀粉较玉米、高粱低，肉牛饲料中的用量以不超过50%为宜，并以粗碎和压片效果较好，不能整粒饲喂或粉碎得过细。

（3）大麦 带壳为“草大麦”，不带壳为“裸大麦”。带壳的大麦即通常所说的大麦，它的代谢能水平较低，但适口性很好，因含粗纤维5%左右，可促进动物肠道蠕动，使消化机能正常，是牛的好饲料。蛋白质含量高于玉米，约为10.8%，品质亦好；维生素含量一般偏低，不含胡萝卜素。棵大麦代谢能水平高于草大麦，比玉米子实低得多，蛋白质含量高。喂前最好压扁或粗碎，但不要磨细。

（4）高粱 能量仅次于玉米，蛋白质含量略高于玉米。高粱在瘤胃中的降解率低，但因含有单宁，适口性差，并且喂牛易引起便秘，用量一般不超过日粮的20%。与玉米配合使用效果增强，可提高饲料利用率。喂前最好压碎。

（5）燕麦 总的营养价值低于玉米，但蛋白质含量较高，约为11%；粗纤维含量较高为10%～13%，能量较低；富含B族维生素，脂溶性维生素和矿物质含量较少，钙少磷多。燕麦是牛的极好饲料，喂前应适当粉碎。

2.糠麸类饲料 是谷实类饲料的加工副产品，主要包括小麦麸皮、稻糠以及其他糠麸。其共同特点是除无氮浸出物含量（40%～62%）较少外，其他各种养分含量均较其原料高。粗蛋白质15%左右；有效能值低，为谷实类饲料的一半；含钙少而磷多，含有丰富的B族维生素，胡萝卜素及维生素E含量较少。

（1）麸皮 其营养价值因麦类品种和出粉率的高低而变化。粗纤维含量较高，属于低能饲料。麸皮质地膨松，适口性较好，是牛良好的饲料，具有轻泻作用，母牛产后喂以适量的麸皮粥，可以调养消化道的机能。

（2）米糠 米糠为去壳稻粒（糙米）制成精米时分离出的副产品，由果皮、种皮、糊粉层及胚组成。米糠的有效营养含量变化较大，随含壳量的增加而降低。粗脂肪含量高，易在微生物及酶的作用下发生酸败。为使米糠便于保存，可经脱脂生产米糠饼。经榨油后的米糠饼脂肪和维生素减少，其他营养成分基本被保留下来。肉牛米糠用量可达20%，脱脂米糠用量可达30%。

（3）其他糠麸 主要包括玉米糠、高粱糠和小米糠。其中以小米糠的营养价值最高。高粱糠的消化能和代谢能较高，但因含有单宁，适口性差，易引起便秘，应限制使用。

3.薯粉类饲料　薯粉类主要包括甘薯、马铃薯、木薯等，按干物质中的营养价值考虑，属于能量饲料。

（1）甘薯　干物质中无氮提出物占80%，其中主要是淀粉，粗纤维含量少，热能低于玉米，粗蛋白质含量3.8%左右，钙含量低，多汁味甜，适口性好，生熟均可饲喂。在平衡蛋白质和其他养分后，可取代牛日粮中能量来源的50%。甘薯如有黑斑病，含毒性酮，易导致牛喘气病，严重者甚至引起牛死亡，要注意预防。

（2）马铃薯　含干物质18%～26%，每3.5～4.0千克相当于1千克谷物，干物质中4/5为淀粉，易消化。缺乏钙、磷和胡萝卜素，每日每头牛最高喂量20千克，与蛋白质饲料、谷实饲料混喂效果较好。马铃薯储存不当发芽时，在其青绿皮上、芽眼及芽中含有龙葵素，采食过量会导致牛中毒。当马铃薯发芽时，一定要清除皮和芽，并进行蒸煮，蒸煮用的水不能用于喂牛。

4.糖蜜　按原料不同，分为甘蔗糖蜜、甜菜糖蜜、柑橘糖蜜及淀粉糖蜜，其主要成分为糖类，蛋白质含量较低，矿物质含量较高，维生素含量低，水分含量高，能值低，具有轻泻作用。肉牛用量宜占日粮的5%～10%。

（五）蛋白质饲料

指干物质中粗纤维含量在18%以下，粗蛋白质含量20%以上的饲料。由于反刍动物禁用动物蛋白饲料，因此对于肉牛主要包括植物性蛋白质饲料、单细胞蛋白质饲料、非蛋白氮饲料等。

1.饼粕类蛋白质饲料　植物性蛋白质饲料主要是饼粕类饲料。压榨法制油的副产品称为饼，溶剂浸提法制油后的副产品称为粕。饼与粕相比，饼的能量含量相对较高，而粕的蛋白质含量相对较高。

（1）大豆饼（粕）　粗蛋白质含量为38%～47%，且品质较好，尤其是赖氨酸含量，是饼粕类饲料中最高者，但蛋氨酸不足。大豆饼粕可替代犊牛代乳料中部分脱脂乳，对各类牛均有良好的生产效果（图7-13）。

（2）棉籽饼（粕）　由于棉籽脱壳程度及制油方法不同，营养价值差异很大。粗蛋白质含量16%～44%，粗纤维含量10%～20%，有效能值低于大豆饼（粕）。棉籽饼（粕）蛋白质的品质不太理想，精氨酸含量高，而赖氨酸只有大豆饼粕的一半，蛋氨酸含量不足（图7-14）。棉籽饼中含有游离棉酚，长期大量饲喂会引起中毒。牛如果摄取过量（日喂8千克以上）或食用时间过长，可导致中毒。犊牛日粮中一般不超过20%，种公牛日粮不超过30%。在短期强度育肥架子牛日粮中棉籽饼可占精料的60%。

图7-13　大豆粕

图7-14　棉籽粕

（3）花生饼（粕） 其营养价值较高，但氨基酸组成不好，赖氨酸含量只有大豆饼（粕）的一半，蛋氨酸含量也较低，花生饼（粕）的营养成分随含壳量的多少而有差异，带壳的花生饼（粕）粗纤维含量为20%～25%，粗蛋白质及有效能值相对较低。由于花生饼（粕）极易感染黄曲霉，产生黄曲霉毒素，因此禁止饲喂犊牛。

图7-15　玉米胚芽饼

（4）菜籽饼（粕） 有效能值较低，适口性较差。粗蛋白质含量34%～38%，矿物质中钙和磷的含量均高，特别是硒含量达1.0毫克/千克，是常用植物性饲料中最高者。菜籽饼（粕）中含有硫葡萄糖苷、芥酸等毒素。在肉牛日粮中要限量并与其他饼（粕）搭配使用。

另外，胡麻饼（粕）、芝麻饼（粕）、葵花子饼（粕）都可以作为肉牛的蛋白质补充料。

2. 其他加工副产品

（1）玉米蛋白粉　由于加工方法及条件不同，蛋白质的含量为25%～60%。蛋白质的利用率较高，氨基酸的组成特点是蛋氨酸含量高而赖氨酸不足，含有很高的类胡萝卜素。由于其比重大，应与其他体积大的饲料搭配使用。由于玉米蛋白粉蛋白质瘤胃降解率较低，是常用的非降解蛋白补充料，但不如保护豆粕的效果好，可能是其蛋白质品质较差。

（2）豆腐渣、酱油渣及粉渣　多为豆科子实类加工副产品，干物质中粗蛋白质含量在20%以上，粗纤维含量较高。维生素缺乏，消化率也较低。这类饲料水分含量高，一般不宜存放过久，否则极易被霉菌及腐败菌污染变质。

（3）酒糟　酒糟的营养价值高低因原料种类不同而异。好的粮食酒糟和大麦啤酒糟要比薯类酒糟营养价值高2倍左右。酒糟含有丰富的蛋白质（19%～30%）、粗脂肪和B族维生素，是牛的一种廉价饲料。酒糟中含有一些残留的酒精，对妊娠母牛不宜多喂，用量5%～7%（图7-16）。

图7-16　白酒糟

3. 单细胞蛋白质饲料　主要包括酵母、真菌及藻类。以饲料酵母最具有代表性，饲料酵母蛋白质含量高（40%～60%），生物学价值较高，脂肪含量低，粗纤维、灰分含量取决于酵母来源。B族维生素含量丰富，矿物质中钙低而磷、钾含量高。酵母在牛日粮中可添加2%～5%，用量一般不超过10%。

市场上销售的“饲料酵母”大多数是固态发酵生产的，确切一点讲，应称为“含酵母饲料”，这是以玉米蛋白粉等植物蛋白饲料作培养基，经接种酵母菌发酵而成，这种产品中真正的酵母菌体蛋白含量很低，大多数蛋白仍然以植物蛋白形式存在，其蛋白品质较差，使用时应与饲料酵母加以区别。

4. 非蛋白氮饲料　一般指通过化学合成的尿素、缩二脲、铵盐等。

牛瘤胃中的微生物可利用这些非蛋白氮合成微生物蛋白，和天然蛋白质一样被宿主消化利用。

尿素含氮46%左右，其蛋白质含量相当于288%，按含氮量计1千克含氮为46%的尿素相当于6.8千克含粗蛋白质42%的豆粕。尿素的溶解度很高，在瘤胃中很快转化为氨，给牛饲喂尿素不当会引起致命性的中毒。因此使用尿素时应注意：

（1）尿素的用量应逐渐增加，应有2周以上的适应期。

（2）只能在6月龄以上的牛日粮中使用尿素，因为6月龄以下时瘤胃尚未发育完全。

（3）和淀粉多的精料混匀一起饲喂。尿素不宜单喂，应与其他精料搭配使用，也可调制成尿素溶液喷洒或浸泡粗饲料，或调制成尿素青贮料，或制成尿素颗粒料、尿素精料砖等。

（4）不可与生大豆或含脲酶高的大豆粕同时使用。

（5）尿素应与谷物或青贮料混喂。禁止将尿素溶于水中饮用，喂尿素1小时后再给牛饮水。

（6）尿素用量一般不超过日粮干物质的1%，或每100千克体重15 ~ 20克。

近年来，为降低尿素在瘤胃的分解速度，改善尿素氮转化为微生物氮的效率，防止牛尿素中毒，研制出了许多新型非蛋白氮饲料，如糊化淀粉尿素、异丁基二脲、磷酸脲、羟甲基尿素等。

（六）矿物质饲料

矿物质饲料一般指为牛提供食盐、钙源、磷源及微量元素的饲料。

1.食盐　主要成分是氯化钠，用其补充植物性饲料中钠和氯的不足，还可以提高饲料的适口性，增加食欲。食盐制成盐砖更适合放牧牛舔食。肉牛喂量为精料的1%左右。

2.石粉　是廉价的钙源，含钙量为38%左右，是补充钙营养的最廉价的矿物质饲料。磷酸氢钙、磷酸二氢钙、磷酸钙（磷酸三钙）是常用的无机磷饲料。肉牛禁用骨粉和肉骨粉等动物性饲料。

3.沸石　可在肉牛精料混合料中添加4% ~ 6%，能吸附胃肠道有害气体，并将吸附的铵离子缓慢释放，供牛体合成菌体蛋白，提高牛对饲料养分的利用率，为牛提供多种微量元素（图7-17、图7-18）。

图7-17　矿物质饲料（舔块）

图7-18　矿物质饲料（畜牧专用盐）

（七）维生素饲料

维生素饲料指为牛提供各种维生素类的饲料，包括工业提纯的单一维生素和复合维生素。

肉牛有发达的瘤胃，其中的微生物可以合成维生素K和B族维生素，肝、肾中可合成维生素C，除犊牛外一般不需额外添加。只考虑维生素A、维生素D、维生素E。维生素A乙酸酯（20万国际单位/克）添加量为每千克日粮干物质14毫克，维生素D_3微粒（1万国际单位）添加量为每千克日粮干物质27.5毫克，维生素E粉（20万国际单位）添加量为每千克日粮干物质0.38 ～ 3毫克。

（八）饲料添加剂

饲料添加剂是指在配合饲料中加入的各种微量成分，包括营养性添加剂和非营养性添加剂。其作用是完善饲料的营养性，提高饲料的利用率，促进肉牛的生长和预防疾病，减少饲料在储存期间的营养损失，改善产品品质。为了生产标准无公害牛肉，所使用的饲料添加剂必须按中华人民共和国农业部公告第105号《饲料药物添加剂使用规范》（农牧发[2001]20号文件）和《中华人民共和国农业部公告—农业部已批准使用的饲料添加剂》执行。

1. 肉牛营养性添加剂

（1）微量元素添加剂　主要是补充饲粮中微量元素的不足。铁、铜、锌、锰、碘、硒、钴等都是牛必需的营养元素，应根据饲料中的含量适宜添加硫酸铜、硫酸亚铁、硫酸锌、硫酸锰、碘化钾、亚硒酸钠、氯化钴等。

（2）维生素添加剂 成年牛瘤胃微生物可以合成维生素K和B族维生素，肝、肾中可合成维生素C，除犊牛外一般不需额外添加，只考虑维生素A、维生素D、维生素E。

（3）氨基酸添加剂 正常情况下成年牛不需添加必需氨基酸，但犊牛应在饲料中供给必需氨基酸，快速生长的肉牛在饲料中添加过瘤胃保护氨基酸，可使生产性能得到改善。近年来的研究证明，快速育肥肉牛除瘤胃自身合成的部分氨基酸外，日粮中还需一定数量的氨基酸。一般在瘤胃微生物合成的微生物蛋白中蛋氨酸较缺乏，为牛的限制性氨基酸。人工合成作为添加剂使用的主要是赖氨酸和蛋氨酸等。日本普遍使用过瘤胃蛋氨酸，效果显著。

2. 肉牛非营养性添加剂

（1）瘤胃发酵调控制剂 合理调控瘤胃发酵，对提高肉牛的生产性能、改善饲料利用率十分重要。瘤胃发酵调控剂包括脲酶抑制剂、瘤胃代谢控制剂、缓冲剂等，如脲酶抑制剂、磷酸钠、氧肟酸盐等。

（2）瘤胃代谢控制剂 瘤胃代谢控制剂可以增加瘤胃内能量转化率较高的丙酸的产量，减少生成甲烷气体引起的能量损失；减少蛋白质在瘤胃中降解脱氨损失，增加瘤胃蛋白数量；提高干物质和能量表观消化率；减少瘤胃中乳酸的生成和积累，维持瘤胃正常pH，防止乳酸中毒；作为离子载体，促进细胞内外离子交换，增加对磷、镁及某些微量元素在体内的沉积。通过以上途径提高肉牛的增重和饲料利用效率。主要包括聚醚类抗生素——莫能菌素、卤代化合物、二芳基碘化学品等。

（3）瘤胃缓冲剂 对于肉牛，要获取较高的生产性能，必须供给其较多的精料。但精料量增多，粗饲料减少，会形成过多的酸性产物。另外，大量饲喂青贮饲料，也会造成瘤胃酸度过高，影响牛的食欲，使瘤胃pH下降，并使瘤胃微生物区系被抑制，对饲料消化能力减弱。在高精料日粮和大量饲喂青贮料时适当添加缓冲剂，可以增加瘤胃内碱性蓄积，改变瘤胃发酵，增强食欲，提高养分消化率，防止酸中毒。

比较理想的缓冲剂首推碳酸氢钠（小苏打），其次是氧化镁。实践证明，以上缓冲剂以合适的比例混合使用，效果更好。

3. 抗生素添加剂 由于抗生素饲料添加剂会干扰成年牛瘤胃微生物，

一般不在成年牛中使用，只应用于犊牛。犊牛常用的抗生素添加剂有以下几种：

（1）杆菌肽　以杆菌肽锌应用最为广泛，其功能为：①抑制病原菌细胞壁的形成，影响其蛋白质合成和某些有害的功能，从而杀灭病原菌；②使肠壁变薄，从而有利于营养吸收；③预防疾病（如下痢、肠炎等），并能将因病原菌引起的碱性磷酸酶降低的浓度恢复到正常水平，使牛正常生长发育，对虚弱犊牛作用更为明显。

使用量：3月龄以内犊牛每吨饲料添加10 ～ 100克（42万～ 420万效价单位），3 ～ 6月龄犊牛每吨饲料添加4 ～ 40克。

（2）硫酸黏杆菌素　又称抗敌素、多黏菌素E，作为饲料添加剂使用时，可促进犊牛生长和提高饲料利用率，对沙门氏菌、大肠杆菌、绿脓杆菌等引起的菌痢具有良好的防治作用。但大量使用可导致肾中毒。

（3）喹乙醇　喹乙醇抗菌谱广，尤其是对大肠杆菌、变形杆菌、沙门氏菌等有显著的抑制效果，能抑制有害菌，保护有益菌，对腹泻有极好的治疗效果，并具有促进动物体蛋白同化作用，能提高饲料氮的利用率，从而促进犊牛生长，提高饲料转化率。据试验，对育成牛日增重提高15%左右，饲料报酬提高10%左右。添加量每吨饲料50 ～ 80克。

4.益生素添加剂　又称活菌制剂或微生物制剂，是一种在实验室条件下培养的细菌，用来解决由于应激、疾病或者使用抗生素而引起的肠道内微生物平衡失调。其产品有两大特点：一是包含活的微生物；二是通过在口腔、胃肠道、上呼吸道或泌尿生殖道内发挥作用而改善肉牛的健康。

目前用于生产益生素的菌种主要有：乳酸杆菌属、粪链球菌属、芽孢杆菌属和酵母菌属等。我国1994年批准使用的益生菌有6种：芽孢杆菌、乳酸杆菌、粪链球菌、酵母菌、黑曲菌、米曲菌。牛则偏重于真菌、酵母类，并以曲霉菌效果较好（图7-19）。

图7－19　益生素添加剂

5.酶制剂　酶是活细胞产

生的具有特殊催化能力的蛋白质，是促进生物化学反应的高效物质。现在工业酶制剂主要采用微生物发酵法从细菌、真菌、酵母菌等微生物中提取，目前批准使用的酶制剂有蛋白酶、淀粉酶、支链淀粉酶、果胶酶、脂肪酶、纤维素酶、麦芽糖酶、木聚糖酶、葡聚糖酶、甘露聚糖酶、植酸酶、葡萄糖氧化酶12种。

二、饲草料的喂前加工

1.铡切、粉碎　不论是青刈收获的新鲜牧草还是干制后的牧草，特别是植株高大的牧草，在喂前都应该进行铡切，以利牛的采食（图7-20）。民谚“寸草切三刀，无料也上膘”即是此意。牧草喂牛并不建议粉碎，因为草粉对牛的进食量和消化并无帮助，且粉碎加工必然增加成本费用。籽实类饲料具有坚实的种皮，喂牛前应进行压扁或粉碎处理。

图7-20　牧草的喂前铡切

2.去杂　牧草及农副产品在收获加工过程中，难免混入一些对牛有害的杂物，如土石碎块、塑料制品及铁丝、铁钉等。在饲喂前一定要筛选、去杂。牛采食粗糙，进食过多的杂物会造成消化紊乱，特别是铁钉等锐器，会刺伤胃壁，导致网胃心包炎，危及牛的生命。

3.去毒　牧草幼苗期水分含量高，相对营养浓度低，不能满足牛的生长和生产需要，应对其水分进行适当调整后利用。特别是部分牧草幼苗期含有一定毒素，如玉米、高粱、三叶草等幼苗期不仅水分含量高，而且含有一定量的氰苷配糖体，直接饲喂，会导致牛氢氰酸中毒。对幼苗期的牧草应进行干制，脱水去毒后与其他牧草搭配喂牛。另外，作为蛋白质补充饲料的大豆饼含有抗胰蛋白酶、血细胞凝集素、皂角苷和脲酶，棉籽饼含有棉酚、菜籽饼含有芥子苷，都对牛有一定毒性，必须进行去毒处理。

4.搭配、混合　各种牧草的营养成分不同，适口性也不一致，在利用过程中，应将适口性好的牧草如紫花苜蓿、燕麦草等和适口性较差的牧草如含有特定芳香味的蒿科牧草以及质地粗硬的作物秸秆等多种牧草进行搭配饲用，以增加牛的采食量，同时起到营养互补和平衡的作用，民谚“花草花料”喂牛即是此意（图7-21）。

图7-21　精饲料混合机组

5.碾青　碾青俗称“染青”，是我国劳动人民在长期的养牛生产过程中创造的一种牧草加工利用方式。即将干制后的秸秆和青刈收获的新鲜牧草混合碾压，使新鲜牧草被压扁、汁液流出而被秸秆吸收。加工后的牧草经短时间的晾晒，即可贮存。其意义为，可较快地制成干草，减少营养素的损失；茎叶干燥速度一致，减少叶片脱落损失；同时秸秆吸收鲜草汁液后可改善其适口性与营养价值。该法是牧草有效利用行之有效的加工方式。

三、精饲料的加工调制技术

精饲料加工调制的主要目的是便于牛咀嚼和反刍，为合理和均匀搭配饲料提供方便。适当调制还可以提高养分的利用率。

（一）粉碎与压扁

精饲料最常用的加工方法是粉碎，可以为合理和均匀搭配饲料提供方便，但用于肉牛的日粮不宜过细。粗粉与细粉相比，粗粉可提高适口性，提高牛唾液分泌量，增加反刍。一般筛孔3 ～ 6毫米。将谷物用蒸汽加热到120℃左右，再用压扁机压成厚1毫米的薄片，迅速干燥。压扁饲料中的淀粉经加热糊化，用于饲喂牛消化率明显提高。

（二）浸泡

豆类、油饼类、谷物等饲料经浸泡，吸收水分，膨胀柔软，容易咀嚼，便于消化。如豆饼、棉籽饼等相当坚硬，不经浸泡很难嚼碎。

浸泡方法：用池子或缸等容器把饲料用水拌匀，一般料水比为1 ：1～1.5，即手握指缝渗出水滴为准，不需任何温度条件。有些饲料中含有单宁、棉酚等有毒物质，并带有异味，浸泡后毒素、异味均可减轻，从而提高适口性。浸泡时间应根据季节和饲料种类的不同而异，以免引起饲料变质。

（三）肉牛饲料的过瘤胃保护技术

强度育肥的肉牛补充过瘤胃保护蛋白质、过瘤胃淀粉和脂肪都能提高生产性能。

1.热处理 加热可降低饲料蛋白质的降解率，但过度加热会降低蛋白质的消化率，引起一些氨基酸、维生素的损失，应适度加热。一般认为，140℃左右烘焙4小时或130 ～ 145℃火烤2分钟较宜。周明等（1996）研究表明，加热以150℃、45分钟最好。

膨化技术用于全脂大豆的处理，取得了理想效果。

2.化学处理

（1）甲醛处理 甲醛可与蛋白质分子的氨基、羟基、硫氢基发生烷基化反应而使其变性，免遭瘤胃微生物降解。处理方法：饼粕粉碎后经2.5毫米筛孔，每100克粗蛋白质加0. 6 ～ 0. 7克甲醛溶液（36%），用水稀释20倍后喷雾并与饼粕混合均匀，然后用塑料薄膜密封24小时后打开，自然风干。

（2）锌处理 锌盐可以沉淀部分蛋白质，从而降低饲料蛋白质在瘤胃的降解。处理方法：硫酸锌溶解在水里，其比例为豆粕：水：硫酸锌＝1 ：2 ：0.03，拌匀后放置2 ～ 3小时，50 ～ 60℃烘干。

（3）鞣酸处理 用1%的鞣酸均匀地喷洒在蛋白质饲料上，混合后烘干。

（4）过瘤胃保护脂肪 许多研究表明，直接添加脂肪对反刍动物效果不好，脂肪在瘤胃中干扰微生物的活动，降低纤维消化率，影响生产性能的提高。所以应将添加的脂肪采取某种方法保护起来，形成过瘤胃保护脂肪。最常见的是脂肪酸钙产品。

（四）糊化淀粉尿素

将粉碎的高淀粉谷物饲料（玉米、高粱）70%～80%与尿素15%～25%混合后，通过糊化机，在一定的温度、湿度和压力下进行糊化，可降低氨的释放速度，代替牛日粮中25%～35%的粗蛋白。糊化淀粉尿素粗蛋白含量60%～70%。每千克糊化淀粉尿素的蛋白质量相当于棉籽饼的2倍、豆饼的1.6倍，价格便宜。

四、青干草的加工调制

青干草是养牛的优质粗饲料，系指田间杂草、人工种植及野生的牧草或其他各类青绿饲料作物在未结籽实之前，刈割后干制而成的饲料，其质量优于农作物秸秆。制作青干草的目的与制作青贮饲料基本相同，主要是为了保存青饲料的营养成分，便于随时取用，满足牛的各种营养需要。但青饲料晒制干草后，除维生素D增加外，其他多数养分都比青贮有较多的损失。合理调制的干草，干物质损失量较小，绿色、叶多、气味浓香，具有良好的适口性和较高的营养价值。科学调制的青干草，含有较多的蛋白质，氨基酸比较齐全，富含胡萝卜素、维生素D、维生素E及矿物质，粗纤维的消化率也较高，是一种营养价值比较完全的基础饲料。无论对犊牛、繁殖母牛、育肥牛、成母牛都是一种理想的粗饲料。干草的粗纤维含量一般较高，为20%～30%；所含能量约为玉米的30%～50%；粗蛋白含量，豆科干草为12%～20%，禾本科干草为7%～10%；钙含量，豆科干草如苜蓿为1.2%～1.9%，而禾本科干草为0.4%左右。谷物类秸秆（包括谷草）的营养价值低于豆科干草及大部分禾本科干草。

干草是肉牛的主要粗饲料，肉牛单一采食优质青干草就能满足其生长发育的需求。所以，科学调制青干草对养牛生产十分重要。

适合调制干草的作物有豆科牧草（苜蓿、红豆草、小冠花等）、禾本科牧草（狗尾草、羊草及四边杂草等）、各类茎叶（大麦、燕麦等在茎叶青绿时刈割）。收割时要注意适时，一般选在开花期，这时单位面积产量高、营养好，也有利于青草或青绿作物下一茬生长。过早收割，干物质产量低；过迟收割，调制成的干草品质差。

（一）干草的制作方法

调制干草的方法较多，简单地分为自然干燥法和人工干燥法。目前经济实用的主要有地面干燥法、草架干燥法。先进的方法是烘干脱水法，但需要设备投资较高。

1. 地面干燥法 青草或青绿饲料作物刈割后，先在草场就地铺开晾晒，同时适当翻动，加速水分蒸发。一般早上割的草，傍晚叶凋萎。在含水分40%～50%时，用耙子把草搂成松散的草垄或集成1米左右高的小堆，保持草堆的松散通风，让其逐渐风干。这样，一方面可减少营养破坏，同时在草堆内会产生发酵作用，使干草产生香味。根据当地气候情况，雨天要遮盖，好天气可以倒堆翻晒。当青草晒至抓一把容易拧成紧实而柔韧的草辫，不断裂，也不出水（含水量约20%左右）时，即可将草运至牛舍附近，堆成1 000千克左右的大草堆，边继续风干，边利用（图7-22、图7-23、图7-24）。

图7-22 牧草的地面干燥(翻晒)

图7-23 牧草干燥后的捡拾打捆

图7-24 青干草的大圆柱草捆

2. 草架干燥法 利用树干、独木架、木制长架、活动或固定干草架等调制干草。用草架晾晒干草，脱水速度快，干草品质好。一般把刈割后的青草先晾晒一天，使其凋萎，待含水量50%左右，然后将草上架干燥。放草时由下而上逐层堆放，或打成直径15厘米左右的小捆，草的顶端朝里，堆成圆锥形或屋脊形，堆草应蓬松，厚度不超过70～80厘米。离地面30厘米左右，堆中留有通道，以利空气流通。架堆外层要平整，有一定坡度，便于排水（图7-25）。

3. 人工干燥法 利用大气的快速流动和高温进行迅速干燥可有效避

免牧草营养物质的损失。人工干燥的原理是扩大牧草与大气间的水分势的差距，使失水速度加快。

（1）鼓风干燥法　把刈割后的牧草压扁并在田间预干到含水50%时，装入设有通风道的干草棚内，用鼓风机或电风扇等吹风装置进行常温鼓风干燥（图7-26）。

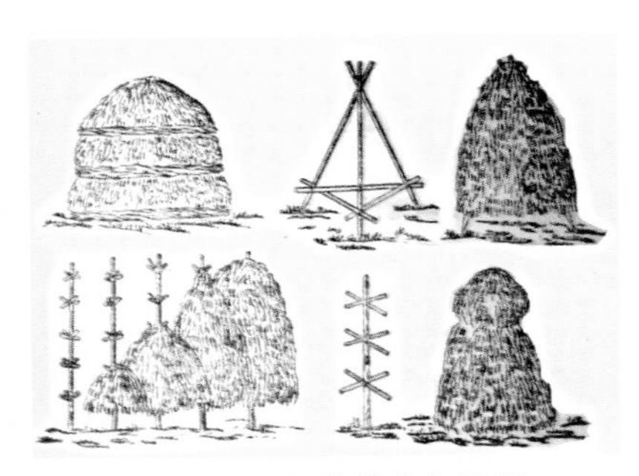

图7–25　牧草的草架干燥

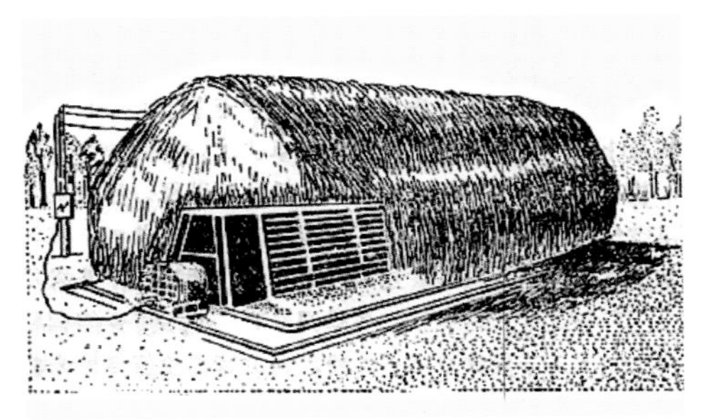

图7–26　牧草的鼓风干燥法

（2）高温快速干燥法　是将鲜草切短，通过高温气流，使牧草迅速干燥。干燥时间的长短，取决于烘干机的种类和型号，从几小时到几分钟，甚至数秒钟，牧草的含水量从80%～85%下降到15%以下。接着将干草粉碎制成干草粉或经粉碎压制成颗粒饲料（图7-27）。其工艺流程见图7-28。

图7–27　牧草烘干机

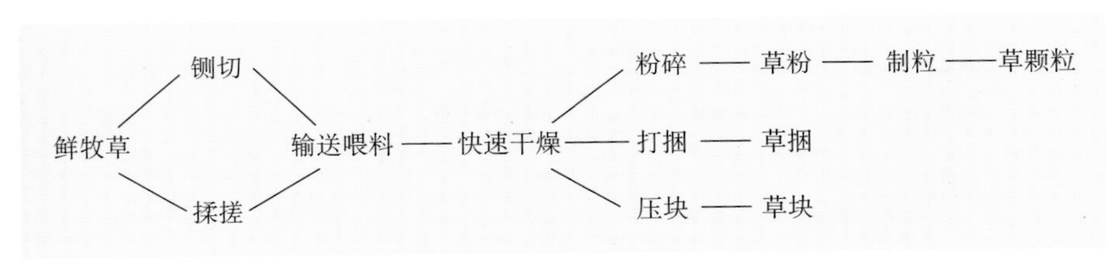

图7–28　牧草（秸秆）干燥生产线工艺流程示意图

（二）干草的贮藏与管理

当调制的干草水分降至15%～16%时，就能进行贮藏。这时的草成束紧握时，发出沙沙响声和破裂声，将草束搓揉弯曲两圈时草茎折断，松开后拧成的草辫几乎全部散开。叶片干而卷曲，茎上表皮用指甲几乎不能剥下，这时的干草适于堆垛贮藏。

广义的干草包括风干后的农作物秸秆和经干燥处理的青干草，可采用露天贮藏和草棚堆垛贮藏两种保存方法。以草棚贮藏为好，可减少风吹雨淋等的损失，然而需要较大的棚舍建筑。通常情况下农作物秸秆如干玉米秸、干谷草、小麦秸等可采取堆垛贮存（图7-29、图7-30、图7-31）。而青干草如紫花苜蓿干草、羊草等建议采取棚舍贮藏。

图7–29　麦秸草垛

图7–30　玉米秸草垛

图7–31　草捆露天垛存

1. 堆垛贮存

（1）垛址选择　地势平坦高燥，排水良好，距牛场较近，取用方便，背风或宽边与主风向垂直。

（2）垛底的准备　垛底用木头或树枝、秸秆等垫起铺平，高出地面30～50厘米。在垛的四周挖排水沟，深20～30厘米、底宽20厘米、沟口宽40厘米。

（3）垛形和大小　草垛分圆形和方形（长方形）两种。方形草垛一般宽4.5～5米，高6～6.5米，长8～10米。这种草垛暴露面积小，贮存过程养分损失少，取喂、遮盖方便。圆形草垛一般直径4～5米，高6～6.5米。这种草垛暴露面积较大，贮藏过程养分损失相对多一些。可根据场地确定堆形，但不论采用哪种堆形，其外形均应由下向上逐渐扩大，顶部逐渐收缩成圆顶，形成下狭、中大、上圆的形状。

（4）堆垛、封顶　含水量较多的干草，应放在草垛的顶部，过湿或结块变质的排除。垛的中央要比四周高一些，中间用力踩实，四周边缘尽量整齐。待草垛堆到全高的1/3～1/2处时，开始收顶。从垛底到开始收顶处应逐渐放宽，约1米左右（每侧加宽0.5米）。草垛顶部用干草或麦秸覆盖，并逐层铺平，不能有凹陷和裂缝，以免漏进雨、雪。草垛的顶脊用草绳或泥土压坚固，以防大风吹刮及雨雪渗入。

为了防止优质青干草在堆贮过程中由于含水量过高而引起发霉变质，可向干草中掺入1%～2.5%的丙酸，也可向其中加入一定量的液态氨。液态氨不仅是一种有效的防腐剂，而且可以增加干草中氨的含量，提高牧草粗蛋白含量。

对草垛要注意管理，四周最好围上围栏，并挖防畜沟，打防火道。干草堆垛后2～3周内，多易发生塌顶现象，对塌陷处要及时补平。另外要防止干草过度发酵而自燃。干草中含水量若在17.5%以上时常发生发酵作用，产生热量而使草垛内部温度升高，一般可达45～55℃。若超过这一温度，应及早采取措施进行散热，否则垛内温度继续升高，严重时会出现自燃现象，应特别注意。

2.草棚贮存　草棚贮存能避雨雪、潮湿和阳光直射，条件较好的场户，最好建造简易的干草棚。草棚存放干草时，应使干草与地面、屋顶保持一定距离，便于通风散热。干草的体积较大，而干草棚建筑面积有限，因而建议对干草先行打捆，以加大密度，提高干草棚的有效存放量（图7-32、图7-33、图7-34）。

图7-32　牧草打捆存放

图7-33　牧草打捆后棚内存放

图7-34　草棚贮草

（三）干草的品质鉴定

随着专业化生产的发展，青干草作为商品流通愈来愈广泛，特别是以质论价的市场运作机制的形成，对干草品质的鉴定尤为重要。正确地鉴定干草的品质，又是合理利用干草的先决条件。优良干草的特点是：草色青绿，叶片丰富，质地较柔软，气味芳香，适口性好，并含有较多的蛋白质和矿物质。对干草品质评定，许多国家都制定有统一的标准，并由特许的检验员来执行。干草品质的好坏，最终决定于家畜的自由采食量和营养价值的高低。生产实践证明，干草的植物学组成、颜色、气味、含叶量的多少等外观征状，与适口性及营养价值存在着密切的关系，在生产应用上，通常根据干草的外观特征，评定干草的饲用价值。其量化评定标准可参照表7-1。

表7-1　干草评分表

评定内容		各类干草评定分值		
		豆科干草	禾本科干草	混合干草
含叶量	豆科大于40%	25	—	15
颜色气味	深绿无异味	25	30	25
柔软性	成熟早期收获	15	30	20
杂质	干净无杂质	15	20	20
加工过程	损失量小	20	20	20
总计		100	100	100

五、青贮饲料的加工调制

常用的青贮饲料主要有玉米青贮饲料和玉米秸青贮。玉米青贮系指人工种植饲草玉米，在蜡熟期收获调制；而玉米秸秆青贮，即在收获籽粒或果穗后进行制作，因而又称黄贮。青贮与黄贮品质质量和饲用效果差异很大，而制作原理和方法基本一致。目前常用的青贮制作方法分为青贮窖青贮、塑料袋青贮、拉伸膜包裹青贮等，以青贮窖青贮应用最为广泛（图7-35、图7-36）。

图7-35 塑料袋青贮

图7-36 拉伸膜包裹青贮

（一）青（黄）贮制作

1.青贮前的准备

（1）选择或建造相应容量的青贮容器 若用旧窖（壕），则应事先进行清扫、补平。

（2）机械准备 铡草机、收割装运机械装好电源，并准备好密封用塑料薄膜等。

2.制作步骤与方法 要制作良好的青（黄）贮饲料，必须切实掌握好收割、运输、铡短、装实、封严几个环节。

（1）及时收获青贮原料，及时进行青贮加工 铡切要快，原料收割后，立即运往青贮地点进行切铡，做到随运、随切、随装窖。有条件的养殖场可采用青贮联合收获机械，收获、铡切一步完成（图7-37、图7-38）。

图7-37　青贮玉米收获运送

图7-38　青贮饲料联合收获机收切作业

（2）装窖与压紧　装窖前在窖的底部和四周铺上塑料薄膜防止漏水透气。逐层装入，每层15 ~ 20厘米，装一层踩实一层，边装边踩实。大型窖可用拖拉机镇压，装入一层碾压一层，直到高出窖口0.5 ~ 1米。秸秆黄贮在装填过程中要注意调整原料的水分含量（图7-39、图7-40、图7-41）。

图7-39　青贮饲料田间收切后运送

图7-40　青贮饲料的铡切装窖

图7-41　青贮制作的镇压排气

（3）密封严实　青贮饲料装满（一般应高出窖口50 ~ 100厘米）以后，上面要用厚塑料薄膜封顶，四周要封严，防止漏气和雨水渗入。有条件的话可利用废旧轮胎在塑料薄膜的外面用10厘米左右的泥土压实。同时要经常检查，如发现下沉、裂缝，要及时加土填实，严防漏气漏水（图7-42）。

图7-42　青贮料封存发酵

（二）青贮饲料的品质评定

青（黄）贮饲料的品质评定分感官鉴定和实验室鉴定，实验室鉴定需要一定的仪器设备，除特殊情况外，一般只进行观感鉴定。即从色、香、味和质地等几个方面评定青（黄）贮饲料的品质（图7-43、图7-44）。

图7-43　玉米秸秆青贮饲料品质评定

1.颜色　因原料与调制方法不同而有差异。青（黄）贮料的颜色越近似于原料颜色，质量越好。品质良好的青贮料，颜色呈黄绿色；黄褐色或褐绿色次之；褐色或黑色为劣等。

图7-44　青贮料的喂前质量检查

2.气味　正常青贮料有一种酸香味，以略带水果香味者为佳。凡有刺鼻的酸味，则表示含醋酸较多，品质次之；霉烂腐败并带有丁酸（臭）味者为劣等，不宜饲用。换言之，酸而喜闻者为上等，酸而刺鼻者为中等，臭而难闻着为劣等。

3. 质地 品质良好的青贮料，在窖里非常紧实，拿到手里却松散柔软，略带潮湿，不黏手，茎、叶、花仍能辨认清楚。若结成一团并发黏，分不清原有结构或过于干硬，均为劣等青贮料。

总之，制作良好的青贮料应该色、香、味和质地俱佳，即颜色黄绿、柔软多汁、气味酸香、适口性好。玉米秸秆青贮则带有很浓的酒香味。玉米青贮质量鉴定等级见表7-2。

表7-2 玉米青贮品质鉴定指标

等级	色泽	酸度	气味	质地	结构	饲用建议
上等	黄绿色、绿色	酸味较多	芳香味浓厚	柔软、稍湿润	茎叶分离、原结构明显	大量饲用
中等	黄褐色、黑绿色	酸味中等	略有芳香味	柔软而过湿或干燥	茎叶分离困难、原结构不明显	安全饲用
下等	黑色、褐色	酸味较少	具有醋酸臭味	干燥或黏结块	茎叶黏结、具有污染	选择饲用

随着市场经济的发展，玉米秸秆青贮饲料逐步走向商品化，在市场交易过程中，其品质与价格成正相关，对其品质评定要求数量化，因而农业部制定了青贮饲料品质综合评定的百分标准，见表7-3。

表7-3 青贮玉米秸秆质量评分表

项　目	pH	水分	气味	色泽	质地
总分值	25	20	25	20	10
优等 72 ~ 100	3.4（25）3.5（23） 3.6（21）3.7（19） 3.8（18）	70%（20）71%（19） 72%（18）73%（17） 74%（16）75%（14）	甘酸香味 （25 ~ 18）	亮黄色 （20 ~ 14）	松散、微软、不黏手 （10 ~ 8）
良好 39 ~ 67	3.9（17）4.0（14） 4.1（10）	76%（13）77%（12） 78%（11）79%（10） 80%（8）	淡酸味 （17 ~ 9）	褐黄色 （13 ~ 8）	中间 （7 ~ 4）
一般 31 ~ 35	4.2（8）4.3（7） 4.4（5）4.5（4） 4.6（3）4.7（1）	81%（7）82%（6） 83%（5）84%（3） 85%（1）	刺鼻酒酸味 （6 ~ 1）	中间 （7 ~ 1）	略带黏性 （3 ~ 1）
劣等 0	4.8（0）	85%以上（0）	腐败味、霉烂味 （0）	暗褐色 （0）	发黏结块 （0）

优质青贮秸秆饲料应是颜色黄、暗绿或褐黄色，柔软多汁，表面无黏液，气味酸香，果酸或酒香味，适口性好。青贮饲料表层变质时有发生，如腐败、霉烂、发黏、结块等，为劣质青贮料，应及时取出废弃，以免引起家畜中毒或其他疾病。

（三）青贮饲料的利用

1.取用　青（黄）贮饲料装窖密封，一般经过6 ～ 7周的发酵过程，便可开窖取用饲喂。如果暂时不用，则不要开封，什么时候用，什么时候开封。取用时，应以“暴露面最少以及尽量少搅动”为原则。长方形青贮窖只能打开一头，要分段开窖，逐层取用。取料后要盖好（图7-45），以防止日晒、雨淋和二次发酵，避免养分流失、质量下降或发霉变质。发霉、发黏、发黑及结块的不能饲用。

青贮饲料在空气中容易变质，一般要求随用随取，一经取出，应尽快饲喂。规模化肉牛场多采用青贮饲料专用取料机械，实现了机械化作业，同时使取料面平整，有利于遏制取料面的二次发酵，可以有效保证青贮料的品质（图7-46）。

图7–45　青贮饲料的取用

图7–46　青贮专用取料机

2.喂量　青（黄）贮饲料的用量，应视牛的种类、年龄、用途和青贮饲料的质量而定。一般情况可作为肉牛唯一的粗饲料使用。开始饲喂青贮料时，要由少到多，逐渐增加，给牛一个适应过程。习惯后，再逐渐增加喂量。肉牛通常日喂量为10 ～ 20千克（或小母牛每100千克体重日喂2.5 ～ 3.0千克、公牛每100千克体重日喂1.5 ～ 2.0千克、育肥肉牛每100

千克体重日喂4 ～ 5千克)。青贮饲料具有轻泻性，妊娠母牛可适当减少喂量。饲喂青贮饲料后，要将饲槽打扫干净，以免残留物产生异味。

青贮饲料的营养差异很大。一般青贮玉米的钙、磷含量不能满足育成牛的需要，应适当补充。而与豆科牧草特别是紫花苜蓿混贮，钙、磷基本可以满足牛的需要。秸秆黄贮营养成分含量较低，需要适当搭配其他饲料，以维护牛的健康以及满足其生长和生产需要。

六、秸秆微贮饲料的加工制作

秸秆微贮饲料制作的实质就是添加剂青贮，主要是针对枯干老化的农作物秸秆，由于原料的可溶性碳水化合物遗失较多，其表面附着的乳酸菌群活力降低，为保证其制作质量，在制作过程中加入一定的人工培植的乳酸菌群，因而称作秸秆微贮。微贮饲料与黄贮饲料一样具有适口性好、制作方便、成本低廉等特点。而与黄贮饲料相比，由于其原料干枯老化，营养成分含量较低。但秸秆微贮，仍不失为一种污染少、效率高、利于工业化生产的粗饲料加工贮存和利用方法。

(一)制作微贮饲料的要点和步骤

1.微贮设施的准备　微贮可用水泥池、土窖，也可用塑料袋。水泥池是用水泥、黄沙、砖为原料在地下砌成的长方形池，最好砌成几个相同大小的，以便交替使用。这种池的优点是不易进气进水，密封性好，经久耐用，成功率高。土窖的优点是成本低，方法简单，贮量大，但要选择地势高、土质硬、向阳干燥、容易排水、地下水位低的地方。窖的大小根据需要量设计建设，深度以2 ～ 3米为宜。

2.菌种复活　目前市售微贮菌种有液体瓶装和粉状铝箔袋装两种。严格按说明操作，以铝箔袋装菌种为例，简介如下：将秸秆发酵活干菌铝箔袋剪开，把菌种倒入0.25千克水中，充分溶解。有条件的情况下，可在水中加糖20克，溶解后，再加入活干菌，这样可以提高复活率，保证微贮饲料质量。然后在常温下放置1 ～ 2小时使菌种复活，成为复活好的菌种，现用现配，配好的菌剂一定当天用完。

3.菌液的配制　将复活好的菌剂倒入充分溶解的1%食盐水中拌匀。食盐水及菌液量根据秸秆的种类而定，1 000千克稻、麦秸秆加3克活干菌、12

千克食盐、1 200升水；1 000千克黄玉米秸加3克活干菌、8千克食盐、800升水；1 000千克青玉米秸加1.5克活干菌，水适量，不加食盐（表7-4）。

表7–4　菌种的配制

微贮 秸秆的种类	秸秆重量 （千克）	活干菌用量 （克）	食盐用量 （千克）	自来水用量 （升）	贮料含水量 （%）
麦秸或稻草	1 000	3.0	9 ～ 12	1 200 ～ 1 400	60 ～ 70
黄玉米秸秆	1 000	3.0	6 ～ 8	800 ～ 1 000	60 ～ 70
青玉米秸秆	1 000	1.5		适量	60 ～ 70

4.秸秆切短　用于微贮的秸秆以粉碎或揉搓加工为好，不具备揉搓条件者，切段长度不得超过3厘米，这样便于压实和提高微贮窖的利用率及保证微贮料制作质量。

5.喷洒菌液　将切短的秸秆铺在窖底，厚20 ～ 25厘米，均匀喷洒菌液，压实后，再铺20 ～ 25厘米秸秆，再喷洒菌液，压实，直至高于窖口50厘米以上，最后用塑料薄膜封口。分层压实的目的是为了迅速排出秸秆空隙中存留的空气，给发酵菌繁殖造成厌氧条件。如果当天装填窖没装满，可盖上塑料薄膜，第二天装窖时揭开塑料薄膜继续装填。

微贮后的秸秆含水率要求达到60% ～ 65%。由于秸秆本身含水率很低，需要补充兑有菌剂的水分。可配备一套由水箱、水泵、水管和喷头组成的喷洒设备。水箱的容积以1 000 ～ 2 000升为宜，水泵最好选潜水电泵，水管选用软管。小规模生产，可用喷壶直接喷洒（图7-47）。

图7–47　喷洒菌液

青玉米秸微贮，因本身含水率较高（一般在70%左右），微贮时不需补充过多的水分，只要求将配备好的菌剂水溶液均匀喷洒在贮料上。可用小型背式或杠杆式喷雾器喷洒。

6.加入辅料 为进一步提高微贮料的营养价值，实践中常在制作微贮过程中，根据自己具备的条件，加入5%的玉米粉、麸皮或大麦粉，为菌种的繁殖提供一定的营养物质，以提高微贮料的质量。加大麦粉或玉米粉、麸皮时，铺一层秸秆撒一层粉，再喷洒一次菌液。

7.微贮饲料水分控制与检查 微贮饲料的含水量是否合适，是决定其品质好坏的重要条件之一。因此在喷洒和压实过程中，要随时检查秸秆的含水量是否合适，各处是否均匀一致，特别要注意层与层之间水分的衔接，不要出现夹干层。含水量的检查方法是：

抓取秸秆试样，用双手扭拧，若有水往下滴，其含水量为80%以上；若无水滴、松开后看到手上水分很明显，约为60%左右；若手上有水分（反光），约为50%～55%；感到手上潮湿，约为40%～45%；不潮湿则在40%以下。微贮饲料含水量60%～65%为理想。

8.严格密封 当秸秆分层压实到高出窖口50厘米以上时，再充分压实后，在最上面一层均匀洒上食盐粉，再压实后盖上塑料薄膜。食盐用量为250克/平方米，其目的是确保微贮饲料上部不发生霉坏变质。盖上塑料薄膜后，在上面撒20～30厘米厚的秸秆，覆土15～20厘米，密封。密封的目的是为了隔绝空气，保证微贮窖内呈厌氧状态（图7-48）。

图7–48　密封发酵

9.维护管理 秸秆微贮后，窖池内贮料会慢慢下沉，应及时加盖土使之高出地面，并在周围挖好排水沟，以防雨水渗入。

10.开窖取用 一般经过30天发酵后，即可揭封取用。取料时从一角开始，从上到下逐渐取用。要随取随用，取料后应把取料口盖严。尽量避免与空气接触，以防二次发酵和变质。

秸秆微贮成败的关键就在于压实、密封。

碾压紧实是关系到微贮成败的重要一环，密封不好，微贮秸秆上部会霉烂变质，造成浪费。窖的大小以制作一窖微贮饲料，牛可在1～2个月内吃完为宜。如常年使用，可建2～3个微贮窖，以便交替使用。

（二）秸秆微贮饲料质量的鉴别

微贮秸秆封窖30天左右可完成发酵过程。可根据微贮饲料的外部特征，用看、嗅和手感的方法鉴定微贮饲料的好坏。

（1）看　优质微贮青玉米秸色泽呈橄榄绿，稻、麦秸呈金黄褐色。如果变成褐色或墨绿色则质量低劣。

（2）嗅　优质秸秆微贮饲料具有醇香味和果香气味，并具有弱酸味。若有强酸味，表明醋酸较多，这是由于水分过多和高温发酵所造成；若有腐臭味、发霉味，则不能饲喂，这是由于压实程度不够和密封不严，有害微生物发酵所造成的。

（3）手感　优质微贮饲料拿到手里感到很松散，且质地柔软湿润。若拿到手里发黏，或者黏在一块，说明贮料开始霉烂；有的虽然松散，但干燥粗硬，也属于不良饲料。

（三）饲喂方法

微贮饲料可以作为肉牛的主要粗饲料，饲喂时可以与其他草料搭配，也可以与精料同喂。开始时，肉牛对微贮有一个适应过程，应循序渐进，逐步增加微贮饲料的饲喂量。喂微贮料的肉牛，补喂的精饲料中不需要再加食盐。微贮饲料的日喂量，一般每头肉牛每天应控制在5 ~ 12千克，并搭配其他草料饲喂。

七、氨化秸秆饲料制作

秸秆氨化的主要作用在于破坏秸秆类粗饲料纤维素与木质素之间的紧密结合，使纤维素与木质素分离，达到被草食动物消化吸收的目的。同时，氨化可有效地增加秸秆饲料的粗蛋白质含量，实践证明，秸秆类粗饲料氨化后消化率可提高20%左右，采食量也相应提高20%左右。氨化后秸秆的粗蛋白质含量提高1 ~ 1.5倍，其适口性和牛的采食速度也会得到改善和提高，总营养价值可提高1倍以上，达到0.4 ~ 0.5个饲料单位。在集约化或规模养殖场，每头肉牛每天喂4 ~ 6千克氨化秸秆，3 ~ 4千克精饲料，可获得1 ~ 1.2千克的日增重。因而氨化处理可以作为反刍动物生产中粗饲料的主要加工形式。

（一）氨化饲料的适宜氨源及其用量

实践中氨化处理秸秆的主要氨化剂有液氨、氨水、碳氨和尿素等。硝铵不能作氨化剂，因硝酸在瘤胃微生物的作用下，会产生亚硝酸盐，导致动物中毒。各种氨化剂的含氮量不同，因而使用量不同（表7-5），在氨化前首先要根据氨化秸秆的数量，备制适量的氨化剂。

表7–5 氨化秸秆的氨化剂及用量

氨化剂	尿素 $CO(NH_2)_2$	氨水（NH_3–H_2O）浓度（%）				液氨（NH_3）	碳铵（NH_4HCO_3）
		25	22.5	20	17.5		
用量（占风干重%）	3 ~ 5	12	13	15	17	3 ~ 5	4 ~ 6

用尿素作氨化剂时，先将尿素溶于少量的温水中，再将尿素溶液倒入用于调整秸秆含水量的水中，然后再均匀地喷洒到秸秆上。这样既使秸秆氨化均匀，又可避免局部尿素含量偏高引起牛尿素中毒。

用氨水作氨化剂时，盛放氨水必须有专门的容器（设备），运输时要使用专用运输车，以防发生意外。氨水的用量因浓度变化而不同，所以购买氨水时要根据氨化秸秆的数量和氨水的浓度确定购买量。氨化时，要将氨水中所含的水计入秸秆氨化时的适宜含水量之中。如氨化100千克小麦秸，需加25%的氨水12千克，小麦秸原始含水量为10%，氨化时适宜含水量为35%，假设应向小麦秸中加水x千克。其计算式应为：

$$(100 \times 10\% + x + 12 \times 75\%) \div (100 + x + 12) = 35\%$$

解方程得：x = 29.46（千克）

无水氨或液氨是制造尿素和碳铵的中间产物，且有毒，生产中很少应用。

碳铵一般用量为4% ~ 6%，若超过6%，会增加秸秆的咸苦味，影响适口性。应用碳铵氨化秸秆的成本低于尿素，但氨化效果不如尿素。碳铵易挥发，所以操作时必须迅速。加碳铵的方法如下：

（1）以液体形式加入 将碳铵加入用于调整秸秆含水量的水中溶解，均匀地撒到秸秆上，然后迅速密封；

（2）以固体形式加入　碳铵不用水溶解，直接分层撒入秸秆中，层与层间距为0.5米，使碳铵逐渐挥发而产生氨化作用。

（二）影响氨化效果的因素

影响氨化效果的因素主要有温度、处理时间、秸秆水分、氨化剂及用量、秸秆种类等。

1.温度　氨水和无水氨处理秸秆要求较高的温度，温度越高，氨化速度越快，氨化效果越好。液氨注入秸秆垛后，温度上升很快，在2～6小时就达到最高峰。温度的上升幅度取决于开始的温度、氨的剂量、水分含量和其他因素，但一般变动范围在40～60℃。最高温度在草垛的顶部，1～2周后下降到接近周围的温度。周围的温度对氨化起重要作用。所以，氨化时间应选择在秸秆收割后不久、气温相对较高的时候进行。但尿素处理秸秆温度不宜过高，故夏日尿素处理秸秆应在隐蔽条件下进行。

2.时间　氨化时间的长短要依据气温而定。气温越高，完成氨化所需要的时间越短；相反，气温越低，氨化所需时间就越长（表7-6）。

表7-6　气温与氨化时间的关系

氨化时气温（℃）	＜5	5～10	10～20	20～30	＞30
氨化所需时间（天）	＞56	28～56	14～28	7～14	5～7

尿素处理还有一个分解成氨的过程，一般比氨水处理延长5～7天。因为尿素在脲酶的作用下，水解释放氨的时间约需5天，当然脲酶作用的时间与温度高低有关，温度高，脲酶作用的时间短。只有释放出氨后，才能真正起到氨化的作用。

3.秸秆水分　水是氨的“载体”，氨与水结合成氢氧化氨（NH_4OH），其中NH_2^+和OH^-分别对提高秸秆的含氮量和消化率起作用。因而，必须有适当的水分，一般以25%～35%为宜。含水量过低，水都吸附在秸秆中，没有足够的水充当氨的“载体”，氨化效果差；含水量过高，开窖后需延长晾晒时间，而且因氨的浓度降低会引起秸秆发霉变质。再者，秸秆含水量过高氨化没有明显的效果（表7-7）。

表7-7 不同含水量小麦秸秆的氨化效果

处理 指标	氨化秸秆含水量						未氨化秸秆含水10%
	20%	25%	30%	35%	40%	50%	
粗蛋白质（%）	9.50	10.15	10.33	12.19	11.29	11.15	4.27
中性洗涤纤维（%）	64.30	63.87	62.50	62.00	64.24	65.35	66.00
开窖后期霉变情况	无	无	无	无	略有发霉	发霉	无

含水量是否适宜，是决定秸秆氨化饲料制作质量乃至成败的重要条件。秸秆含水量是指在单位秸秆重量中，含水分的重量占单位秸秆重量的百分比。处理前秸秆的重量，是秸秆干物质重量加秸秆中自然保持水分的重量之和，这时秸秆的含水量，是自然保留水分的重量占处理前秸秆重量的百分比，这个百分比也叫做自然含水量。处理后秸秆的重量，是处理前重量加处理时加水的重量之和，这时秸秆的含水量，是自然含水量的重量及加水重量之和占处理后秸秆重量的百分比，这个百分比也就是要达到的含水量。一般秸秆的含水量为10%～15%，进行氨化时不足的部分加水调整。加水时可将水均匀地喷洒在秸秆上，然后装入氨化设施中；也可在装窖时撒入，由下向上逐渐增多，以免上层过干，下层积水。

4. 被处理秸秆的类型 目前适用于氨化处理的原料秸秆主要是禾本科作物的秸秆，如麦秸（小麦秸、大麦秸、燕麦秸）、玉米秸、高粱秸、谷秸、黍秸及老芒麦秸等。所选用的秸秆必须没有发霉变质，最好将收获籽实后的秸秆及时进行氨化处理，以免堆积时间过长而发霉变质。也可根据利用时间确定制作氨化秸秆的时间。秸秆的原来品质直接影响到氨化效果。影响秸秆品质的因素很多，如种、品种、栽培地区和季节、施肥量、收获时的成熟度、收割高度、贮存时间等。一般来说，原来品质差的秸秆，氨化后可明显提高消化率，增加非蛋白氮的含量。

（三）氨化饲料的制作

秸秆氨化方法可遵循因地制宜、就地取材、经济实用的原则。目前国内外流行的是堆垛氨化法、塑料袋氨化法和窖贮氨化法。北方地区一般地下水位低、土层厚，采用氨化池进行秸秆氨化经济实用。以尿素为氨化剂，其氨化方法与工艺流程（图7-49）简述如下：

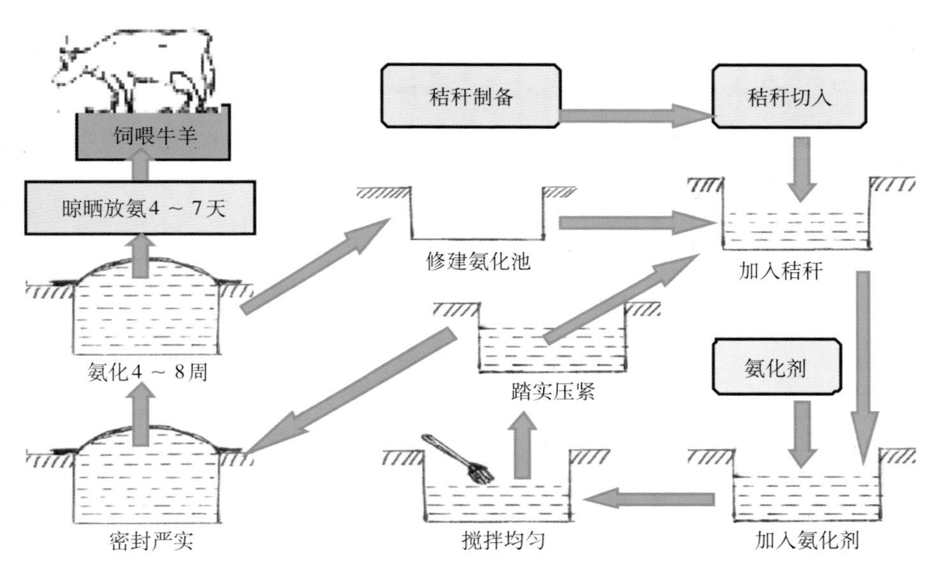

图7–49　秸秆氨化饲料生产工艺流程示意图

1.原料处理　先将优质干燥秸秆切成2 ～ 3厘米碎段，含水量控制在10%以下，粗硬的秸秆如玉米秸最好用揉搓机揉碎。

2.氨贮容器准备　可制作氨贮窖（与青贮窖基本相同）、氨贮袋（与青贮袋相同）、氨化坑（池）及密封用塑料薄膜等。

3.氨源配制　将尿素配成6% ~ 10%的水溶液，秸秆很干燥时采用6%的尿素溶液；反之，尿素的浓度要高一些。为了加速尿素的溶解，可用40℃的温水溶解尿素。为提高氨化秸秆的适口性，最好采用0.5%的食盐水配制尿素溶液。

4.均匀混合　将配制好的尿素溶液和切碎或揉碎的氨化原料搅拌均匀。每100千克秸秆喷洒尿素水溶液30 ～ 40千克。根据秸秆含水量和尿素的浓度而定。使尿素含量为每100千克秸秆中2 ～ 3千克。边喷洒边搅拌，使秸秆与尿素均匀混合。

喷洒尿素溶液的均匀度是保证秸秆氨化饲料质量的关键。

5.密封腐熟　把搅拌好的氨化饲料放入氨化池（不透气的水泥窖）内，压实密封，密封方法与青贮相同。夏季10天，春秋季半个月，冬季30 ～ 45天即可腐熟使用。

（四）氨化秸秆饲料的品质鉴定

氨化秸秆在饲喂之前，要进行品质检验，以确定能否用以喂牛。

（1）质地 良好的氨化秸秆应质地柔软蓬松，用手紧握没有明显的扎手感。

（2）颜色 不同秸秆氨化后的颜色与原色相比都有一定的变化。经氨化后麦秸的颜色为杏黄色，未氨化的麦秸为灰黄色；氨化后的玉米秸为褐色，其原色为黄褐色，如果呈黑色或棕黑色，黏结成块，则为霉败变质的特征。

（3）pH 氨化秸秆偏碱性，pH为8左右；未经氨化的秸秆偏酸性，pH为5.7左右。

（4）发霉情况 一般氨化秸秆不易发霉，因加入的氨具有防霉杀菌作用。有时，氨化设备封口处的氨化秸秆有局部发霉现象，但内部的秸秆仍可饲喂牛群。

（5）气味 一般成功的氨化秸秆有糊香味和刺鼻的氨味。氨化玉米秸的气味略有不同，既具有青贮的酸香味，又具有刺鼻的氨味。

（五）氨化秸秆的利用

氨化设施开封后，经品质鉴定合格的氨化秸秆，需放氨2 ～ 3天，消除氨味后，方可饲用。放氨时，应将刚取出的秸秆放置在远离牛舍和住所的地方，以免释放出的氨气刺激人畜的呼吸道和影响人的健康和牛的食欲。若秸秆湿度较小，天气寒冷，通风时间应稍长，应为3 ～ 7天，以确保饲用安全。取喂时，应将每天计划饲喂数量的氨化秸秆于饲喂前2 ～ 5天取出放氨，其余的再封闭起来，以防放氨后含水量仍很高的氨化秸秆在短期内饲喂不完而发霉变质。氨化秸秆饲喂肉牛，应由少到多，少给勤添。刚开始饲喂时，可与谷草、青干草等搭配，7天后便可全部饲喂氨化秸秆。应用氨化秸秆为主要粗饲料时，可适当搭配一些含碳水化合物较高的精饲料，并配合一定数量的矿物质和青贮饲料，以便充分发挥氨化秸秆的作用，提高利用率。如果发现动物产生轻微中毒现象，可及时灌服食醋500 ～ 1 000毫升解毒。

第八章　肉牛疾病防治

一、肉牛疾病的检查与诊断

（一）一般诊断

肉牛的疾病一般通过问、视、闻、触、叩、听，进行综合诊断。问诊即向饲养人员调查，掌握有关病牛的发病情况；视诊又称望诊，其实质就是用肉眼观察病牛的状态，直观地了解疾病状况。闻诊即通过听觉和嗅觉来分辨牛声音和气味的性质，而进行诊断；触诊即利用手指、手掌、手背或拳头对牛体某部位进行病变检查；叩诊即用手指或小叩击锤、叩诊板叩打牛体某一部位，然后根据其发出的音响来判断牛体脏器发生的病态变化情况（图8-1）；听诊即应用听诊器听取病牛心脏、肺脏、喉、气管、胃肠等器官在活动过程中所发出的音响，再依其音响的性质判断某些器官发生的病态变化情况（图8-2）。

图8–1　牛的肺部叩诊区

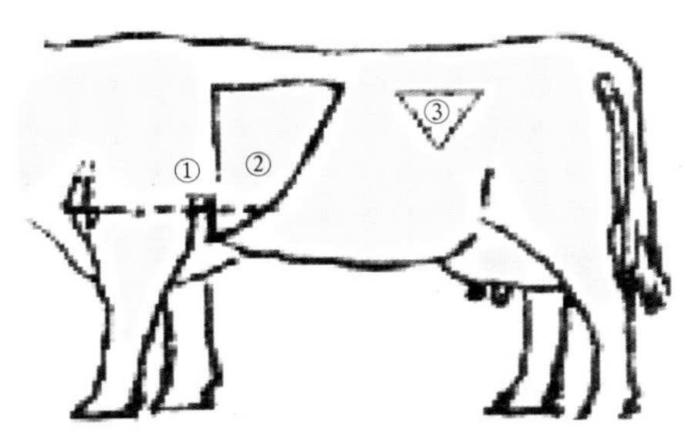

图8–2　牛的听诊区
①心脏听诊区　②肺部听诊区
③瘤胃听诊区

（二）体温、脉搏、呼吸数测量

1.体温　健康成年牛体温的正常值为38.0 ～ 39.0℃，平均为38.5℃，变动范围37.5 ～ 39.5℃。犊牛体温略高，正常生理指标为38.5 ～ 39.5℃，平均为39.0℃，变动范围38.3 ～ 40.0℃。牛的正常体温同样受各种因素的影响，昼夜中略有变动，一般早晨略低，下午偏高，变动范围在0.5 ～ 1.0℃。在天热日晒或驱赶运动之后体温会升高1.0℃左右。牛的正常体温天热较天寒时高、采食后较饥饿时高、妊娠末期较妊娠初期略高，但一般均不超过变动范围的上限（图8-3、图8-4）。

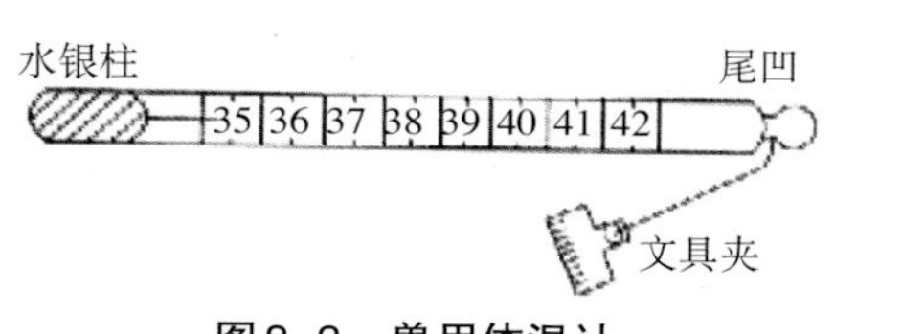

图8–3　兽用体温计

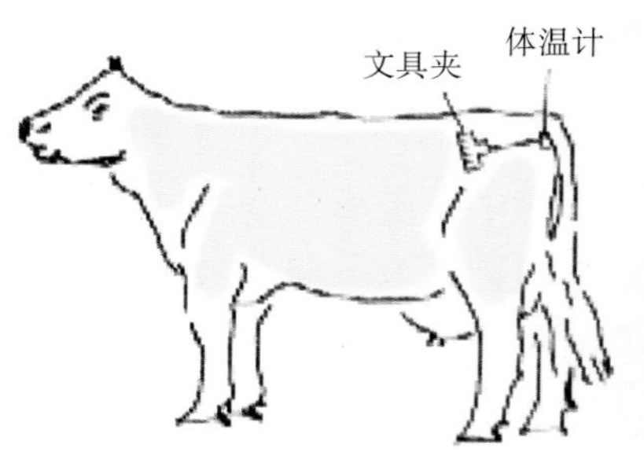

图8–4　牛的体温测量

2.脉搏　脉搏是指牛心脏的跳动，又叫心搏。心脏每跳动（收缩）一次，即向主动脉输送一定量的血液，这时因血压使动脉管壁产生了波动，即称脉搏。正常情况下，脉搏反映动物心脏的活动情况以及血液循环情况。动物的心搏与脉搏是一致的。健康牛脉搏的正常生理指标为每分钟40 ～ 80次，犊牛为每分钟80 ～ 110次。脉搏同样受许多因素的影响，一般来说，公牛（36 ～ 60次/分钟）较母牛慢，成牛较幼牛慢，冬季较夏季慢，早晨较下午慢，休息时较运动时慢。因而听心跳或诊脉时，要尽量使病牛安静，待喘息平定后再进行检查（图8-5、图8-6）。

图8–5　牛颌外动脉诊脉法

在用听诊器听诊心跳时，将

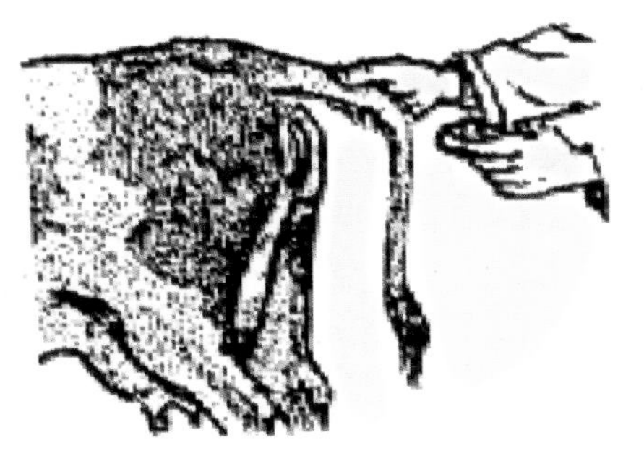
图8-6　牛尾动脉诊脉法

听诊器的聚音器置于第四肋间肘头上方2 ～ 3指处，可听取心脏活动的情况。

3.呼吸　动物机体通过呼吸，吸进新鲜氧气，呼出二氧化碳，进行气体交换，维持正常生命活动。健康成年牛呼吸的正常生理指标为每分钟12 ～ 28次，犊牛为每分钟30 ～ 56次。呼吸次数增加或减少是判断牛体是否患病的重要标志之一。

（三）可视黏膜检查

检查部位包括眼结膜、鼻黏膜、口腔黏膜、阴道黏膜等。检查应在自然光线充足的地方，但要避免光线直接照射。仔细观察黏膜有无苍白、潮红、发绀（红紫色或青紫色）、发黄以及有无肿胀、出血、溃疡等。

（四）体表淋巴结检查

健康牛的淋巴结较小，而且深藏于组织内，一般难以摸到。临床上只检查位于浅表的少数淋巴结。主要检查其大小、形状、硬度、温度、敏感性以及移动性。当发现某一淋巴结病变时，还要检查附近的淋巴结。一般检查颌下淋巴结、肩前淋巴结、膝前淋巴结、腮腺淋巴结和乳房上淋巴结（图8-7）。

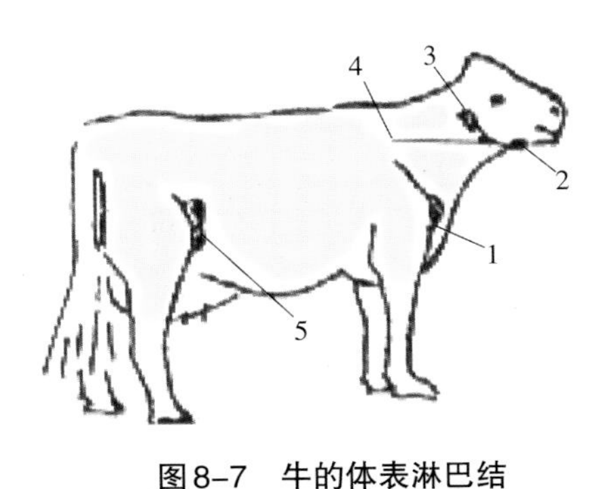

图8-7　牛的体表淋巴结
1. 肩前淋巴结　2. 颌下淋巴结　3. 腮腺淋巴结
4. 咽后淋巴结　5. 膝前淋巴结

（五）反刍

牛采食草料，一般不经充分咀爵就咽入瘤胃。然后，大部分精饲料进入网胃，粗草粗料漂浮在网胃和瘤胃的上层液体内，随着瘤胃的运动，进行充分混合、揉搓、分解和浸泡，当牛饱食后休息时，食团借网胃和瘤胃的混合运动，经食管返回口腔，进行充分的咀嚼，然后重新咽入胃内，这个过程称为反刍，也叫倒嚼。牛采食草料后，一般休息0.5 ~ 1.0小时后，开始反刍，每次反刍的持续时间为40 ~ 50分钟，有时可达1.5 ~ 2.0小时。每一食团咀嚼40 ~ 60次，每一昼夜反刍6 ~ 8次，每天花在反刍上的时间为7 ~ 8小时。犊牛一昼夜反刍可达16次，每次持续时间15 ~ 30分钟。

（六）嗳气

嗳气是牛消化饲草料过程排出废气的一种特殊生理功能。牛的瘤胃内存在有大量的细菌、纤毛虫等微生物。在这些微生物的发酵作用下，草料中的粗纤维被大量分解，产生低级脂肪酸，供机体利用。同时也产生大量气体，主要是二氧化碳和甲烷。这些气体部分被血液吸收由肺排出体外，部分被微生物利用，而部分由口腔排出。由口腔排出气体的过程，即称为嗳气。

健康牛每小时嗳气的生理指标为17 ~ 20次，可由视诊或听诊在左侧颈部食管检查，嗳气的频率取决于气体的产生量。采食粗饲料突然更换为潮湿青草时，会由于急剧发酵产生大量气体，不能及时排出体外，就会形成急性瘤胃臌胀。因而，更换草料要逐渐进行，使瘤胃有一个适应过程。

（七）瘤胃蠕动

瘤胃是牛体内的饲料加工厂，牛进食饲草料中70% ~ 80%可消化物质和50%粗纤维在瘤胃消化。因此瘤胃和网胃在牛的饲料消化中占有特别重要的地位。在瘤胃内所进行的一系列消化过程中，微生物起着主导作用。瘤胃的蠕动，是牛消化饲料的重要生理功能，起到机械性搅拌饲料的作用。从外部观察牛的左侧腹部，时有增大或缩小；用手掌或拳头抵压在左腹部可触觉瘤胃蠕动的强弱和硬度。健康牛瘤胃的蠕动力量强而持久，抵压时可以明显地感觉到瘤胃的顶起和落下。在左腹部听诊，由于瘤胃收缩和胃内容物的搅拌活动会产生出一阵阵强大的沙沙声或远雷声，一般先由弱到强，再由强转弱直到消失，隔一会儿又重复发生。其生理指标为每分钟2 ~ 5次，每次蠕动的持续时间为15 ~ 25秒。

二、牛病的处置技术

（一）胃管插入术

插胃管时，要确实保定好病牛，固定好牛的头部。胃管用水湿润或涂上润滑油。先给牛装一个木制的开口器，胃管从开口器的中央孔经口插入或经鼻孔插入，插入动作要柔和缓慢，到达咽部时，感觉有抵抗，此时不要强行推进，待病牛有吞咽动作时，趁机插入食管。胃管通过咽部进入后，应立即检查是否进入食管，正常进入食管后，可在左侧颈沟部触及到胃管，这时向管内吹气，在左侧颈沟部可观察到明显的波动，同时嗅胃管口，可感觉到有明显的酸臭气味。若胃管误入气管内，仔细观察可发现管内有呼吸样气体流动，或吹气感觉气流畅通，应拔出重新插入。若发现鼻、咽黏膜损伤出血，则应暂停操作，采用冷水浇头方法，进行止血。若仍出血不止，应及时采取其他止血措施，止血后再行插入（图8-8）。

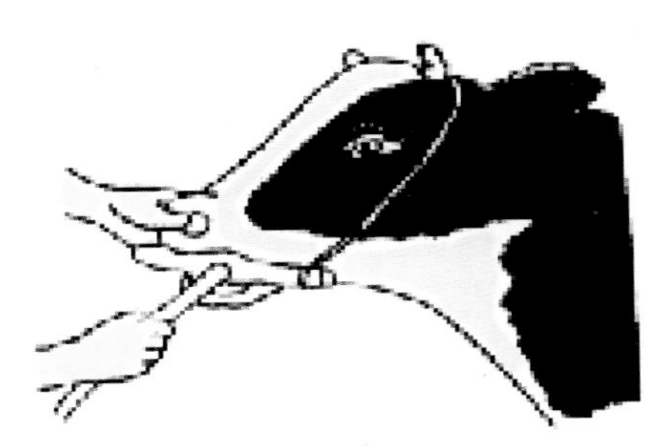

图8–8　开口器插入胃管法

（二）子宫冲洗术

子宫冲洗主要用于治疗阴道炎和子宫内膜炎、子宫蓄脓、子宫积水等生殖道疾病。

冲洗前，应按常规消毒子宫冲洗器具。在没有专用子宫冲洗器的条件下，可用马的导尿管或硬质橡皮管、塑料管代替子宫冲洗管。有条件的话，可用胚胎采集管代替。用大玻璃漏斗或搪瓷漏斗代替唧筒或挂桶，消毒备用。

冲洗时，洗净消毒牛的外阴部和术者手、臂。通过直肠把握将导管小心地从阴道插入子宫颈内，或进入子宫体。抬高漏斗或挂桶，使药液通过导管徐徐流入子宫，待漏斗或挂桶内药液快流完时，立即降低漏斗或挂桶位置，借助虹吸作用使子宫内液体自行流出。更换药液，重复进行2 ～ 3次，直至流出子宫的药液保持原来色泽状态不变为止。

（三）瘤胃穿刺术

当瘤胃严重臌气时，会导致呼吸困难，作为紧急治疗的有效措施就是实施瘤胃穿刺术，排放气体，缓解症状，创造治疗时机（图8-9）。

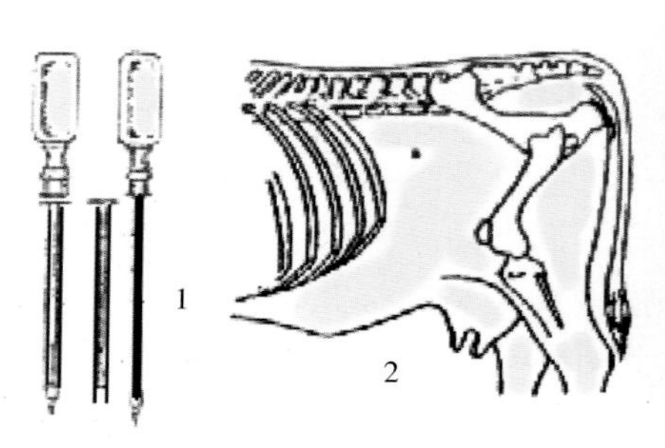

图8-9　牛瘤胃穿刺示意图

1. 套管针　2. 穿刺部位

穿刺部位在左肷部的髋结节和最后肋骨中点连线的中央。瘤胃臌气时，取其臌胀部位的顶点。穿刺时，病牛站立保定，术部剪毛消毒，将皮肤切一小口，术者以左手将牛局部皮肤稍向前移，右手持消毒的套管针迅速朝向对侧肘头方向刺入约10厘米深；固定套管，抽出针芯，用纱布块堵住管口，施行间歇性放气，使瘤胃内的气体断续地、缓慢地排出。若套管堵塞，可插入针芯疏通或稍摆动套管；排完气后，插入针芯，手按腹壁并紧贴胃壁，拔出套管针。术部涂以碘酒。

（四）直肠检查术

直肠检查是诊断疾病的重要手段，也是发情鉴定、妊娠诊断的主要技术措施。

实施直肠检查前，术者应剪短并磨光指甲。裸手检查时，在手和臂上涂以石蜡油或软肥皂水等；戴长臂手套检查时，润滑剂涂于手套外。保定被检查牛，必要时可先灌肠后检查。检查时，术者站在牛的正后方，一手握住牛尾并抵在一侧坐骨结节上；涂布润滑剂的一手，五指并拢，集成圆锥形，穿越肛门并缓慢伸入直肠，刺激并配合牛的努责排出直肠蓄粪。对膀胱充满的牛，可抚摩膀胱促使排尿。牛出现努责时，手应暂时停止前进或稍微后退，并用前臂下压肛门，待直肠松弛后再行深入检查；手到达直肠狭窄部时，要小心

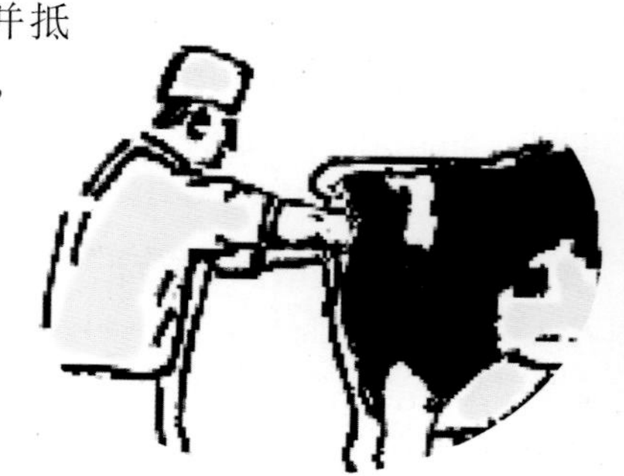

图8-10　牛直肠检查术

判明肠腔走向，再徐徐向前伸入。检查时，应用指腹轻轻触摸被检查部位或器官，仔细判断脏器的位置和形态。检查完毕后，手应慢慢退出直肠，防止损伤肠黏膜（图8-10）。

（五）公牛去势术

公牛去势即摘除睾丸或人为破坏公牛睾丸的正常机能，使其失去分泌和释放雄激素的功能或作用。公牛去势后，性情变得温驯、老实，便于日常管理，同时具有提高牛肉产品质量和风味的作用。但有研究表明，雄激素与生长激素具有协同作用，因而不去势牛相对生长速度较快。权衡利弊，实践中可根据经营方式和产品目标确定是否去势以及去势时间（月龄）。

常用的去势方法分为有血去势和无血去势两种。有血去势应在术前1周注射破伤风类毒素，或在术前1天注射破伤风抗毒素。去势时，对去势牛实施站立或横卧保定，术部消毒后，即可进行手术。一般不需要麻醉，必要时或为便于保定，术前可肌内注射静松灵2～3毫升，也可进行局部皮下浸润麻醉或精索内麻醉。

1.有血去势法　术者左手握住牛阴囊颈部，将睾丸挤向阴囊底部，使阴囊壁紧张，按如下方法切开阴囊，摘除睾丸。

（1）纵切法　适用于成年公牛。在阴囊的后面或前面沿阴囊缝际两侧1～2厘米处作平行缝际的纵切口，下端达阴囊的底部，挤出睾丸，分别结扎精索后切除睾丸（图8-11）。

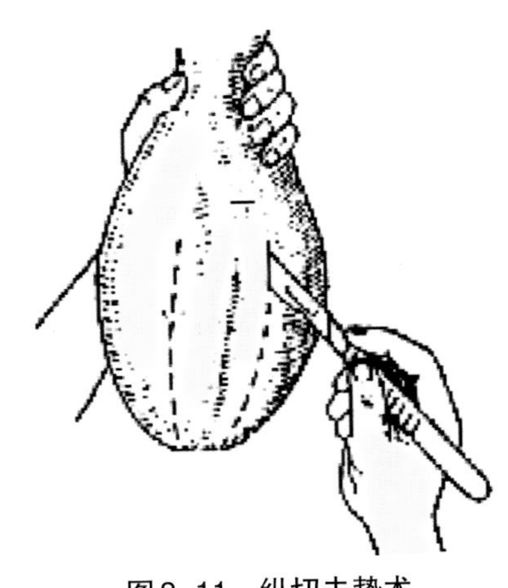

图8-11　纵切去势术

（2）横切法　适用于6月龄左右的小公牛去势。在阴囊底部做垂直阴囊缝际的横切口，同时切开阴囊和总鞘膜，露出睾丸后，剪断阴囊韧带，挤出睾丸，结扎精索，切除睾丸和附睾。

（3）横断法　俗称大揭盖。适用于小公牛。术者左手握住阴囊底部的皮肤，右手持刀或剪刀，切除阴囊底部皮肤2～3厘米，然后切开阴囊总鞘膜，挤出睾丸，分别结扎精索后切除。

（4）挫切法 多用于小公牛。切开阴囊及总鞘膜，露出睾丸，剪断阴囊韧带，用锉刀钳剪断精索，除去睾丸（图8-12）。

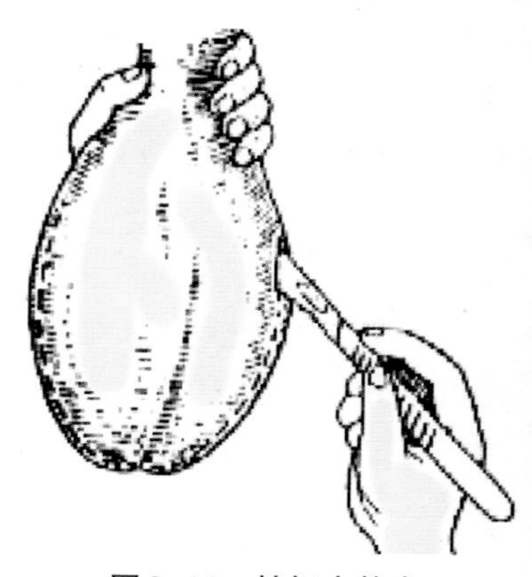

图8-12 挫切去势术

2.无血去势法 无血去势法适用于不同月龄的公牛去势。方法简便，节省材料，手术安全，可避免术后并发症。采用无血去势钳在阴囊颈部的皮肤上挫断精索，使睾丸失去营养而萎缩，达到去势目的。

公牛栏内站立保定，常规消毒手术部位。用无血去势钳隔着阴囊皮肤夹注精索部，用力合拢钳柄，听到类似筋腱被切断的音响，继续钳压1分钟，再缓慢张开钳嘴；在钳夹的下方2厘米处，再钳夹一次；采用同样的方法夹断另一侧精索。术部皮肤涂布碘酒消毒。术后阴囊肿胀，可达正常体积的2 ~ 3倍，约1周后不治自愈，3周后睾丸出现明显变形和萎缩（图8-13）。

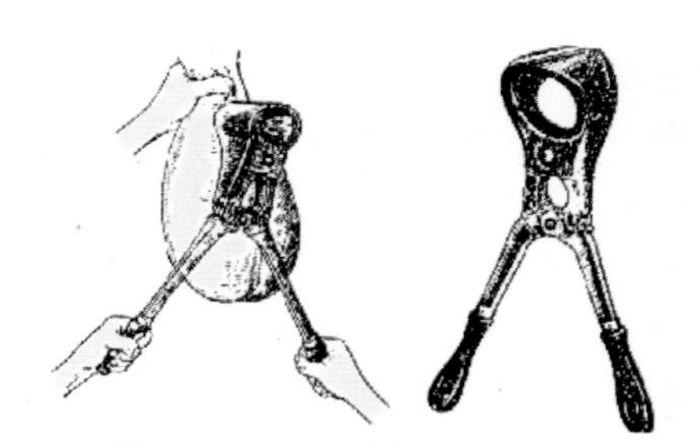

图8-13 无血去势或钳夹去势

（六）投药术

在牛病防治过程中，投药是最基本的防治措施。投药的方法很多，实践中应根据药物的不同剂型、剂量、有无刺激性和病情及其进程，选用不同的投药方法。

1.液剂药物灌服法 适用于液体性口服药物。

灌药前准备：给牛灌药。建议采用专用灌药橡皮瓶，若没有专用橡皮瓶，可使用长颈塑料瓶或长颈啤酒瓶，洗净后，装入药液备用。一般采用徒手保定，必要时采用牛鼻钳及鼻钳绳借助牛栏保定。

灌药时，首先把牛拴系于牛栏活牛桩上，由助手紧拉牛鼻环或用手抓住牛的鼻中隔，抬高牛头。一般要略高于牛背，用另一只手的手掌托住牛的下颌，使牛嘴略高。术者一手从牛的一侧口角伸入，打开口腔并轻压牛的舌头；另一只手持盛有药液的橡皮瓶或长颈瓶从另一侧口腔角伸入并送向舌背部；抬高灌药瓶的后部，并轻轻振抖，使药液流出，牛吞咽后继续灌服，直至灌完。

2.片剂、丸剂、舔剂药物投药法 应用西药以及中成药制剂，可采用裸手投药或投药器进行。

投药时一般牛站立保定。裸手投药法：术者用一手从牛一侧口角伸入，打开口腔；另一只手持药片（丸、囊）或用竹片刮取舔剂自牛另侧口角送入其舌背部。投药器投药法：事先将药品装入投药器内，术者持投药器自牛一侧口角伸入并直接送向舌根部，迅速将药物推出，抽出送药器，待其自行咽下。

裸手投药或投药器投药，在投药后都要观察牛是否吞咽。必要时也可在投药后灌饮少量水，以确保药物全部吞咽。

通过口腔投入抗生素、磺胺类药物等化学制剂时，应考虑到对瘤胃微生物群落的影响问题。四环素族抗生素以及磺胺类药物对瘤胃微生物群落的发育繁殖具有强烈的抑制作用，链霉素相对危害较轻。一般采用化学制剂灌服治疗之后，建议采用健康牛瘤胃液灌服，以接种瘤胃微生物。

3.胃管投药法 多用于大剂量液剂药物或药品带有特殊气味、经口不易灌服的，可采用胃管投药法。

按照胃管插入术的程序和要求，通过口腔或鼻孔插入胃管，将药物置于挂桶或盛药漏斗，经胃管直接灌入胃中（图8-14、图8-15）。

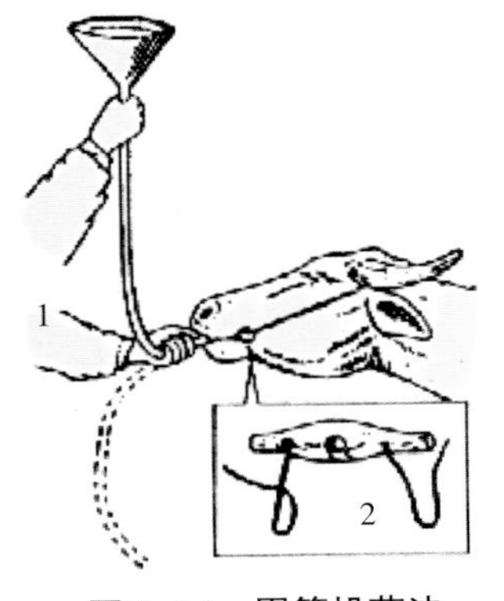

图8-14 胃管投药法

1.投药标准姿势 2.横木开口器

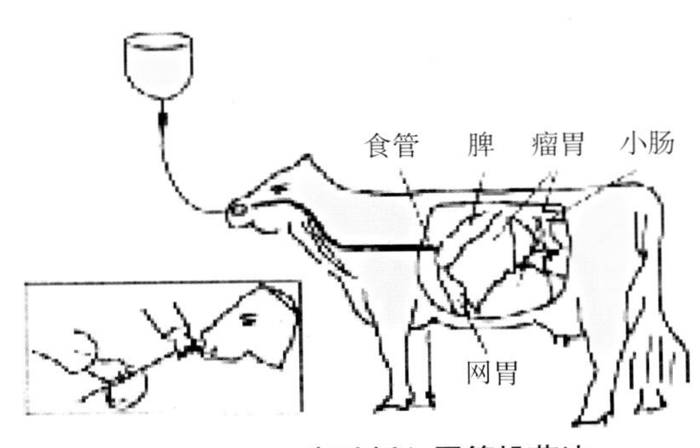

图8-15 鼻孔插入胃管投药法

（七）注射法

注射法即借用注射器把药物投入病牛机体。注射是防治动物疾病常用的给药方法。注射法分皮下注射、肌内注射、静脉注射。

1.器械准备 按照不同注射方法和药物剂量，选取不同的注射器和针头。检查注射器是否严密，针管、针芯是否合套；金属注射器的橡皮垫是否好用，松紧度调节是否适宜；针头是否锐利、通畅，针头与针管的结合是否严密。所有注射用具在使用前必须清洗干净并进行煮沸或高压灭菌消毒。

2.动物体准备 注射部位应先进行剪毛、消毒（先用5%碘酊涂擦，再用75%酒精）。注射后也要进行局部消毒。严格执行无菌操作规程。同时根据病牛的具体情况及不同的注射方法、治疗方案，采取相应的保定措施。

3.药剂准备 抽取药液前，要认真检查药品的质量，注意药液是否混浊、沉淀、变质；同时混注两种以上药液时，要注意配伍禁忌。抽完药液后，要排出注射器内的气泡。

（1）皮下注射法 皮下注射是将药液经皮肤注入皮下疏松组织内的一种给药方法。适用于药量少、刺激性小的药液。如阿托品、毛果芸香碱、肾上腺素、比赛可灵以及疫（菌）苗等。皮下注射一般选用16号针头，对注射部位剪毛消毒后，术者用左手拇指和食指捏起注射部位皮肤，使皮肤与针刺角度呈45°；右手持注射器，使针尖刺入皮肤皱褶内1.5 ～ 2.0厘米深，将药液徐徐注入皮下。

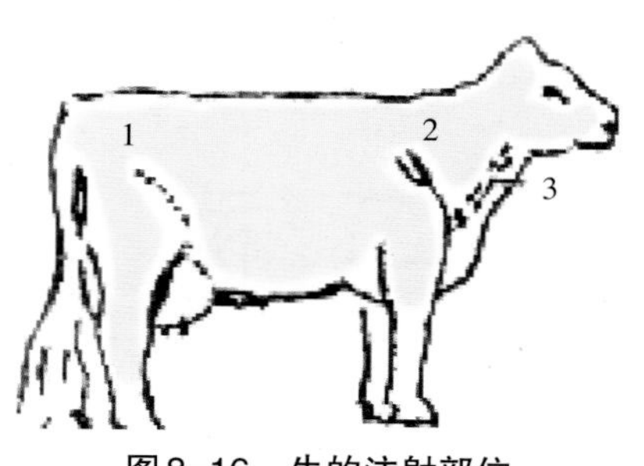

图8–16 牛的注射部位
1.臀部肌肉注射部位 2.颈部肌肉注射部位
3.颈静脉注射部位

（2）肌内注射法 是最常用的注射法，即将药液注入牛的肌肉内。动物肌肉内血管丰富，药液注入后吸收较快，仅次于静脉注射。一般刺激性较强、较难吸收的药液都可以采用肌内注射法。如青霉素、链霉素以及各种油剂、混悬剂等均可进行肌内注射。肌内注射的部位一般选择在肌肉层较厚的臀部或颈部。对准消毒好的注射部位，将针头用力刺入肌肉内，徐徐注入药液。注射完毕后，拔出针头，针眼涂以碘酊消毒（图8-16）。

（3）静脉注射法

1）静脉注射 静脉注射即把药液直接注入动物静脉血管内的一种给药方法。静脉注射能使药液迅速进入血液，随血液循环遍布全身，很快发生药效。注射部位多选在颈静脉上1/3处。一般使用兽用16号或20号针头。保定好病牛，使病牛颈部向前上方伸直。注射部位剪毛消毒，术者左手在注射部位下面约5厘米处，以大拇指紧压在颈静脉沟中的静脉血管上，其余四指在右侧相应部位抵住，拦住血液回流，使静脉血管鼓起。右手拇指、食指和中指紧握针头座，针尖朝下，使针头与颈静脉呈45°角，对准静脉血管猛力刺入。如果刺进血管，便有血液涌出。针头刺入血管后，将针头调转方向，以使针尖在血管内朝上，再将针头顺血管推入2 ~ 3厘米。松开左手，固定针头座，与右手配合连接针管。左手固定针管，手背紧靠病牛颈部作支撑，右手抽动针管活塞，见到回血后，将药液徐徐注入静脉。注射完药液后，左手用酒精棉球压紧针眼，右手将针拔出。为防止针眼溢血或形成局部血肿，在拔出针头后继续紧压针眼1 ~ 2分钟，然后松手。

2）静脉滴注 静脉吊瓶滴注即给病牛输液，即通过滴注的方法将药液直接输入静脉管内。采用一次性输液器，兽用16号、20号粗长针头作输液针头，按治疗配方将使用的药液配装在500毫升的等渗盐水瓶中或所需要的不同浓度的葡萄糖注射液（500毫升瓶）药瓶中，作为输液药瓶。将输液药瓶口朝下置入吊瓶网内。然后把一次性输液器从灭菌塑料袋中取出，把上端（具有换气插头端）插入输液药瓶的瓶塞内，把吊瓶网挂在高于牛头30 ~ 40厘米的吊瓶架上。把输液器下端过滤器下面的细塑料管连同针头拔掉，安装上兽用输液针头。打开输液器调节开关，放出少量药液，排出输液管内的空气，调节输液器管中上部的空气壶，使之置入半壶药液，以便观察输液流速。将排完空气的输液器关好开关，备用。取下输液器上锋利的兽用针头，按照静脉注射的方法，将针头刺入静脉血管，把针头向下送入血管2 ~ 3厘米，以防针头滑出。这时松开静脉的固定压迫点，打开输液器开关，连接输液器管，把输液器末端（过滤器下段），插入置于静脉血管中的针头座内，并拧紧（防止松动漏液）。调节输液速度，开始输液。然后再用两个文具夹把输液器下端连接针头附近的输液管分两个地方固定在牛的颈部皮肤上。滑动输液器上的调节开关，使之按照需要的滴流速度进行输液（图8-17）。

与静脉注射的区别是：静脉注射使用的针头在刺入静脉后，调整针头方向，使之针尖朝上，然后连接针管、注入药液。而静脉输液时使用的针头，在刺入静脉后，将针头向下顺入静脉管内，连接输液器下端，输入药液。

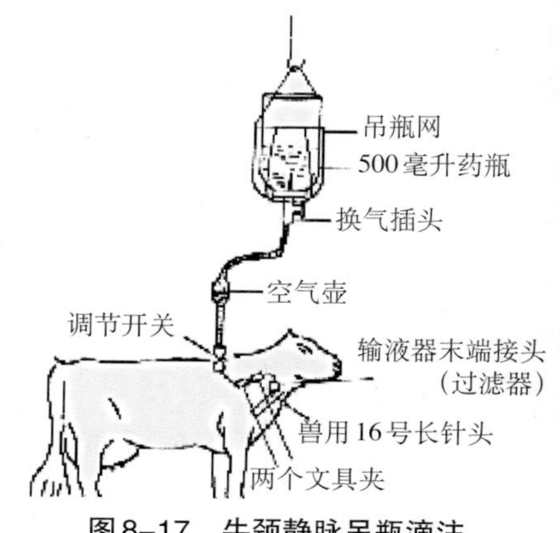

图8-17　牛颈静脉吊瓶滴注

（八）乳房送风术

乳房送风是临床上治疗牛产后瘫痪常用的治疗措施。其实质就是往乳房内注入洁净空气，是实践中治疗母牛产后瘫痪简便而有效的方法。产后瘫痪又称生产瘫痪、乳热症、产褥热等。

采用专用乳房送风器（图8-18）送风。若没有乳房送风器时，可采用大号连续注射器或打气筒代替，但必须配置空气过滤器，防止乳牛感染。自制乳房送风器空气过滤器见图8-19。

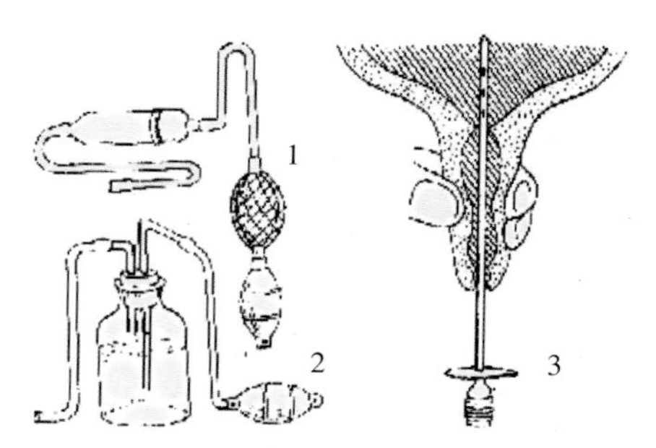

图8-18　牛乳房送风器
1.空气过滤筒　2.推进装置　3.乳导管

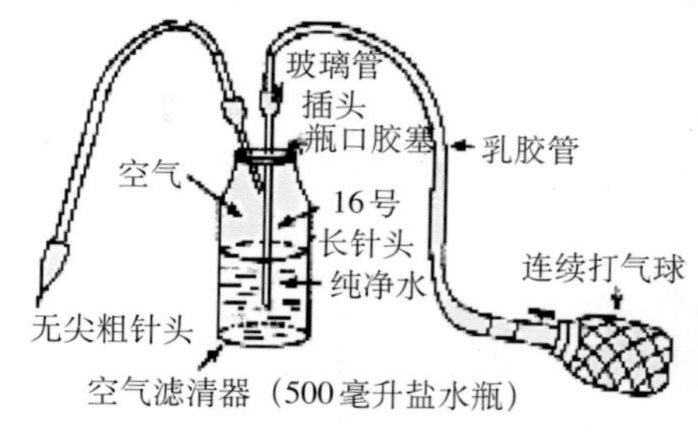

图8-19　自制乳房送风器制作示意图

自制乳房送风器时，连续打气球可以用人用血压计上的打气球代替。空气过滤器可使用500毫升容积的生理盐水瓶代替。把乳胶管直接套在长针头座上。空气经半瓶纯净水过滤，可避免空气中杂质、灰尘以及微生物等随风被带入乳房。

消毒乳头、乳头管口、挤净乳房内积存的乳汁，把乳房送风器的导乳管消毒后插入乳头管中，开始打气送风。先送下部的乳区，后送上部的乳区。四个乳区均应打满空气。打入空气的数量以乳房皮肤紧张、乳腺基部边缘清楚并且变厚，达到乳房膨满、指弹呈鼓响音为标准。

（九）胎衣剥离术

母牛产后胎衣滞留，用手术的方法进行剥离，即胎衣剥离术。

牛胎盘的类型属于结缔组织绒毛膜胎盘，其特点是在子宫内膜上有许多子宫阜（70 ~ 120个），产犊时其个头大小似鸡蛋，形状为扁圆凸形。而胚胎的尿膜绒毛膜上有着数量相同的子叶，这些子叶靠其侵蚀性绒毛附植在子宫阜上，即子叶呈凹形包裹在凸形的子宫阜上。从结构上讲，母牛胎衣不下就是部分子叶包裹在子宫阜上不能分离，胎儿胎盘部分在产后不能及时排出体外。一般认为母牛产后12小时胎衣仍不能自动脱落，即为胎衣不下或胎衣滞留，治疗往往比较费时，手术剥离不失为一种有效的治疗措施。

1.术前准备 患牛站立保定，将其尾巴拉向一侧，后臀部清洗消毒并擦干。术者剪短指甲，戴上长臂手套，消毒后涂润滑剂。在剥离前30分钟子宫注入5%～10%的高渗盐水500 ～ 1 000毫升。

2.剥离方法 剥离时，术者左手拽住垂落于阴门外的部分胎衣，向后稍用力拉紧；右手沿着拉紧的胎衣与阴道壁之间的空隙，伸入子宫内，先剥离子宫体部的胎盘，然后依次向前剥离。

用进入子宫的手的食指和中指或中指和无名指夹住胎儿胎盘基部周围的绒毛膜，固定剥离部位，然后用拇指剥离子叶与子宫阜；剥离半周后，手指屈曲，向手背侧翻转，继续剥离；剥离1周后或大半脱离后，两手配合轻拉胎衣，使绒毛从小窦中拔出，与母体胎盘分离。如此向子宫深部逐个剥离，直至全部剥离为止。然后再次清洗消毒外阴部。

胎衣剥离后，采用3%～5%的温热盐水，清洗子宫4 ～ 6次，每次都尽量通过子宫内的手将洗涤脏水排除干净。术后，应用子宫收缩类药物如缩宫素、甲基硫酸新斯的明等，促进子宫收缩，排出病理性内容物。胎衣剥离方法如图8-20所示。

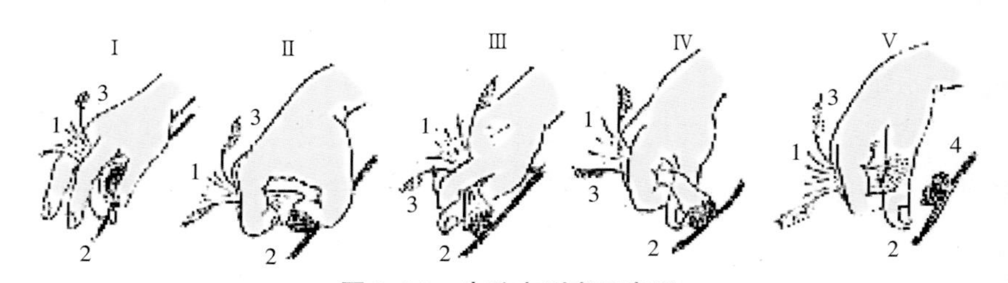

图8-20　牛胎衣剥离示意图

1. 绒毛膜　2. 子宫壁　3. 已剥离的胎儿胎盘　4. 子宫阜

三、肉牛常见病的防治

（一）传染病

针对传染病发生的三个基本环节——传染源、传播途径、易感动物，通过扑灭或隔离传染源、切断传播途径、强化饲养管理提高动物免疫力等技术措施，有效控制肉牛传染病的发生。

1. 口蹄疫　口蹄疫是一种高度接触性病毒性传染病。其特征是囊泡病变，唇部、齿龈、趾间、乳头等部位表皮糜烂，在犊牛心肌发生退行性坏疽性病变。

口蹄疫病毒对外界环境抵抗力很强。在自然情况下，含毒组织和污染的饲料、饲草、皮毛及土壤等具有较长时间的传染性。高温和紫外线对病毒有杀灭作用。酸和碱对口蹄疫病毒的作用很强，2%～4%氢氧化钠、30%草木灰水、3%～5%甲醛溶液、0.2%～0.5%过氧化氢、4%碳酸钠溶液等均是口蹄疫病毒的良好消毒剂。

感染牛的早期症状为发热、精神沉郁、食欲减退，口腔发炎、流涎，蹄冠和趾间病变、跛行。典型症状为水疱：口腔黏膜、乳房、蹄部出现水疱，水疱内充满灰白色或淡黄色液体（图8-21），趾间及蹄冠水疱很快破溃，出现糜烂（图8-22）或干燥结成硬痂，蹄痛跛行。一般情况下呈良性经过，7天左右可痊愈，但蹄部出现水疱时，14～21天甚至更长的时间才可康复。病死率很低，一般情况下低于3%。犊牛患病时，没有明显的水疱，主要症状为出血性肠炎和心肌麻痹。死亡率特别高，但病愈后可获得大约1年的免疫力。

目前尚无特异性治疗方法，发达国家多采取扑杀病畜和疑似染毒动物的方法。发展中国家一般采用免疫接种来预防本病的发生。

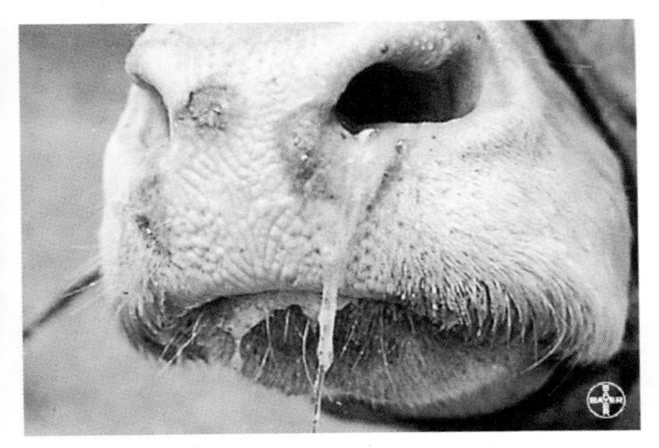

图8-21　口蹄疫病牛唇部水泡

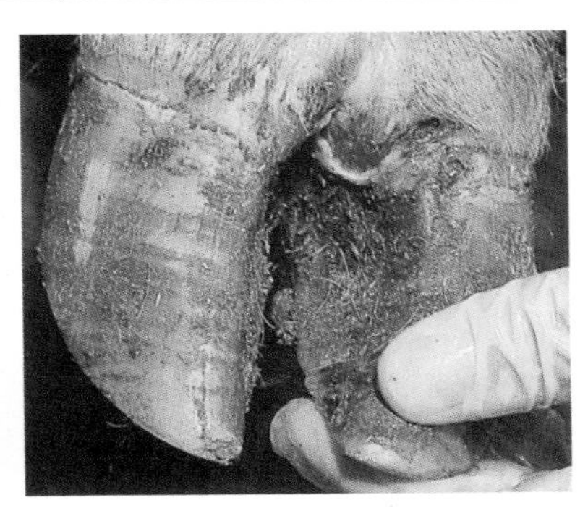

图8-22　口蹄疫病牛蹄叉糜烂

2.布鲁菌病　布鲁菌病简称布病，是由布鲁菌引起人和动物的一种共患性传染病。临床特征是生殖系统受到严重侵害，雌性动物表现为流产和不孕，雄性动物表现睾丸炎。

致病菌是布鲁菌（布鲁菌）,是一种小杆菌，无鞭毛、不能运动、不形成荚膜，但在不利于生长的条件下可以形成芽孢，革兰染色呈阴性。对光、热以及常用化学消毒剂等均很敏感，经阳光直射0.5 ～ 1小时即可被杀死，湿热60℃ 30分钟或70℃ 5 ～ 10分钟可杀灭，对四环素、庆大霉素、链霉素敏感，其次是土霉素，但对青霉素不敏感，对多黏菌素B和林可霉素有很强的抵抗力。布鲁菌在外界环境的抵抗力较强，在污染的土壤、水、粪尿中可以生存数周甚至数月，在乳制品或者肉中可以生存两个月。

动物的易感性和年龄成正相关，随着年龄的增大易感性增强。通常老疫区流产的较少，而以子宫炎、乳房炎、关节炎、局部肿胀、胎衣停滞、久配不孕等为多见；母畜的发病率高于公畜，幼畜不易感。

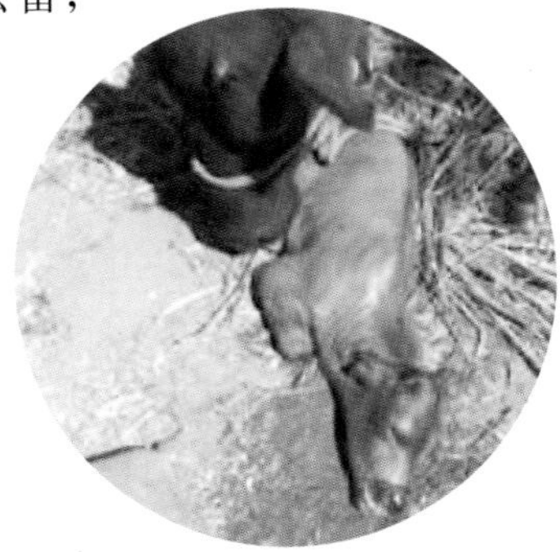

母牛染病后的主要症状是生殖障碍。多见于怀孕后期，流产前精神沉郁、食欲下降，阴唇、乳房肿胀，阴道流出灰黄色或灰红褐色的黏液；流产胎儿大多为死胎或出生几天后死亡；流产后伴有生殖道炎症，如胎衣不下、子宫蓄脓，阴道流出污秽不洁带有恶臭的液体（图8-23）。染病公牛发生睾丸炎，一般为两侧睾丸均肿胀，睾丸功

图8-23　布病引起的牛流产

能丧失。另外，会引起牛的乳房炎和关节炎。关节炎主要发生在腕关节和膝关节，表现为关节肿大、硬化，骨与关节发生变形，关节囊壁增厚，腔内有渗出物（图8-24，图8-25）。

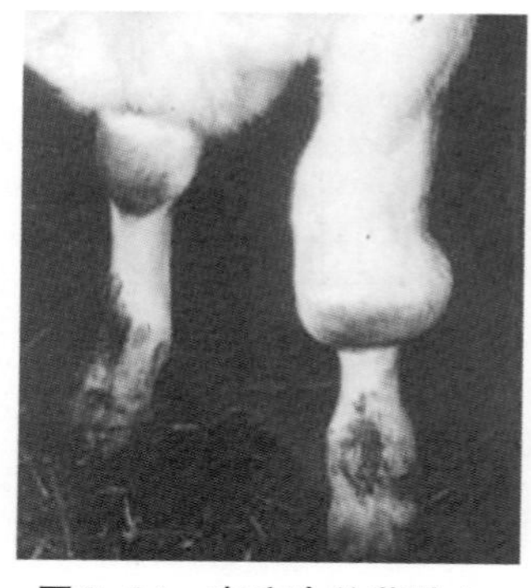

图8–24　布病牛关节肿大

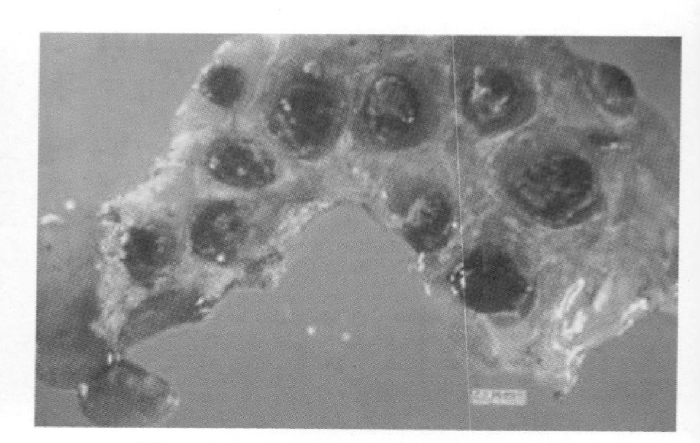

图8–25　布病牛胎盘子叶坏死粘连

布鲁菌是一种革兰染色阴性菌，对许多广谱抗菌素敏感，可用抗生素治疗。

3. 结核　结核是一种慢性、肉芽肿性、细菌性传染病，其特征是在机体各器官内形成小结节。

结核杆菌主要存在于各个脏器的病灶中及其排泄物和分泌物中，对自然环境的抵抗力较强，干燥和湿冷均不能使其短时间内失活，对热敏感，由于细胞壁含大量脂类，故对乙醇等有机溶剂敏感，但对普通消毒药耐药性较强。对普通广谱抗生素不敏感，但对链霉素、对氨基水杨酸、异烟肼和环丝氨酸等敏感，中药也有一定的效果。

由于结核是一种消耗性疾病，其临床症状以体重减轻和衰弱为主要特征，并伴有不同的器官损伤，可同时表现腹泻和呼吸困难。牛结核病通常表现为肺结核，发病时易咳嗽，接着咳嗽加重，有时鼻流淡黄色脓液，呼吸困难，听诊肺区有啰音，叩诊有实音区，并有疼痛表现；体表淋巴结肿大，但食欲正常，体温正常或低热，病牛渐渐消瘦、贫血；如果病势出现恶化，体温升高，呈弛张热。临床通常呈慢性经过，以肺结核、乳房结核和肠结核最为常见。病牛发生乳房结核时，乳房上淋巴结明显肿大，泌乳量明显下降，乳房有局限性或弥散性硬结，不热不痛，乳汁开始时正常，严重时乳汁稀薄。犊牛常患肠结核，食欲下降，反复性下痢，用各种方法不能治愈，快速消瘦。如发生在生殖器官，病牛会发生性机能紊乱，发情异常，孕畜流产，公畜发生附睾肿大（图8-26）。

图8–26 结核病牛

宰后检验最常见的是肺结核，切面呈干酪样坏死灶（图8-27）。胸膜和腹膜发生结核时，尸体比较消瘦，在受侵害的组织器官，特别是肺脏形成特异性结核结节。结节为由小米粒大到鸡蛋大灰白色或黄白色半透明坚硬结节，与珍珠相像，称为"珍珠病"。乳房结核多发生于乳房后半部的深处，与肺结核病理变化相似。肠结核时，通常以集合淋巴结为基础发生干酪样坏死。

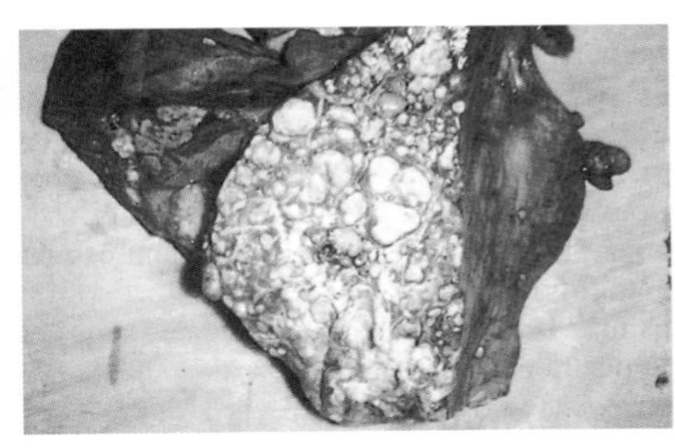

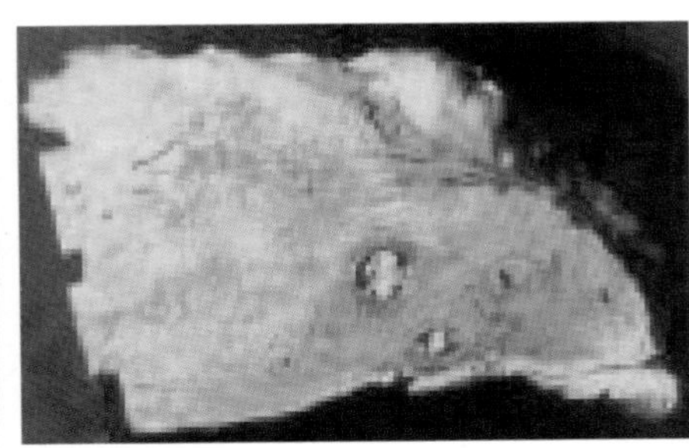

图8–27 结核病变组织

主要采取综合性的防制措施，采取严格的检疫措施，防治疾病传入。每年春、秋两季定期进行结核病的检疫，一旦发现阳性病畜及时进行处理，严格隔离。加强卫生消毒工作，定期进行消毒检疫，如果出现阳性牛，要对牛舍、用具、饲料、牛舍出入口等进行彻底的大消毒，出入车辆也要进行消毒。结核病人不得饲养和管理动物。

4.放线菌病 放线菌病又称大颌病，是牛多发的一种非接触性慢性传染病，其特征为下颌肿大、化脓、形成齿瘘。

牛放线菌是不规则、无芽孢、革兰阳性杆菌。涂片经革兰染色后，其中心菌体为紫色，周围辐射状菌丝为红色。一般消毒液可将其杀死。

放线菌病的病原体不仅存在于污染的土壤、饲料和饮水中，也寄生于健康牛口腔和上呼吸道黏膜，在黏膜或皮肤有破损时容易发病。

病牛下颌部肿大（图8-28），肿胀进展缓慢，一般经过几个月才出现一个小而坚实的硬块。肿胀初期疼痛，晚期无痛觉，病牛出现采食、咀嚼和吞咽困难。有时肿胀部皮肤化脓破溃，脓汁流出，形成瘘管，长久不愈（图8-29），脓肿中含有乳黄色脓液。牙齿脱落以及下颌骨骨质疏松（图8-30）。

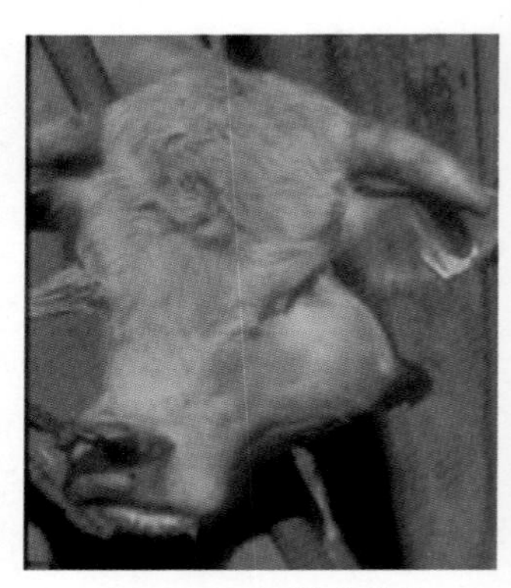

图8–28 牛放线菌病

根据临床症状和特殊病变，放线菌病不难诊断。目前还没有有效的预防措施。治疗方法包括外科手术、使用抗生素和支持疗法。肿胀硬结可用外科手术切除，切除后新创腔用碘酊纱布填塞，伤口周围皮下注射2%碘酊，肌内注射青霉素和链霉素等。

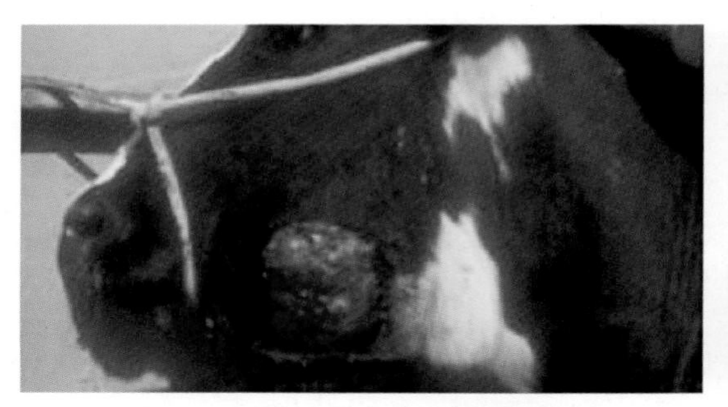

图8–29 放线菌病牛下颌肿大破损

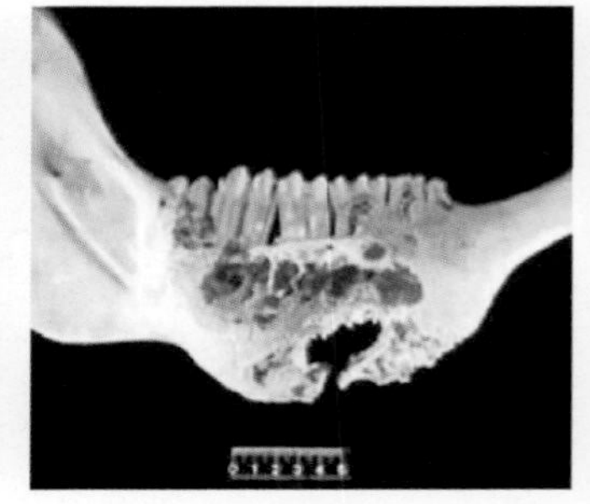

图8–30 放线菌病牛下颌骨病变

（二）肉牛寄生虫病

1.肉牛寄生虫病分类 寄生虫病分外寄生虫病和内寄生虫病，外寄生虫病的病原主要是螨、蜱、蝇蛆及虱、蝇、蚊、虻等（图8-31、图8-32、图8-33、图8-34）。而内寄生虫病主要包括一些线虫病，如捻转血矛线虫病、牛新蛔虫病、仰口线虫病、食道口线虫病及毛首线虫病等；吸虫病，如肝片吸虫病、胰盘吸虫病及血吸虫病等；绦虫病，如莫尼茨绦虫病、曲子宫绦虫病等；及绦虫的幼虫病，如多头蚴体内线虫病、囊尾蚴病等；还有一些在特殊环境下发生的原虫病，如牛环形泰勒焦虫病、牛球虫病和弓形体病等（图8-35）。防治肉牛寄生虫病，是现代肉牛饲养业发展的要求，因此应当根据肉牛寄生虫病的发生及流行特点，以预防保健为原则，应用抗寄生虫类药物，对虫病进行程序化综合防治，从而最大限度地控制肉牛寄生虫病的发生，保证和促进肉牛生产效益的提高。

图8-31　寄生虫

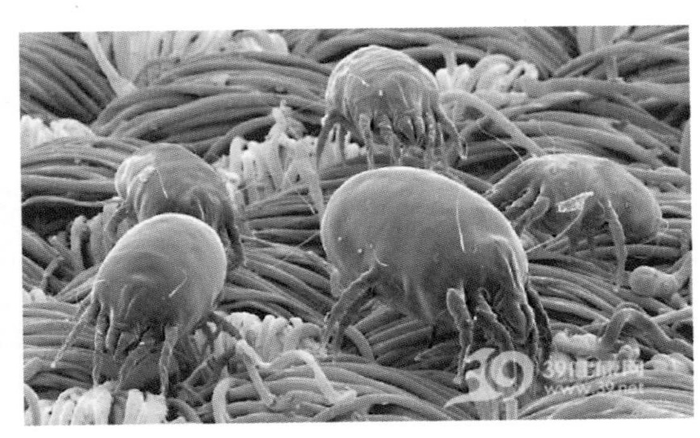

图8-32　痒　螨

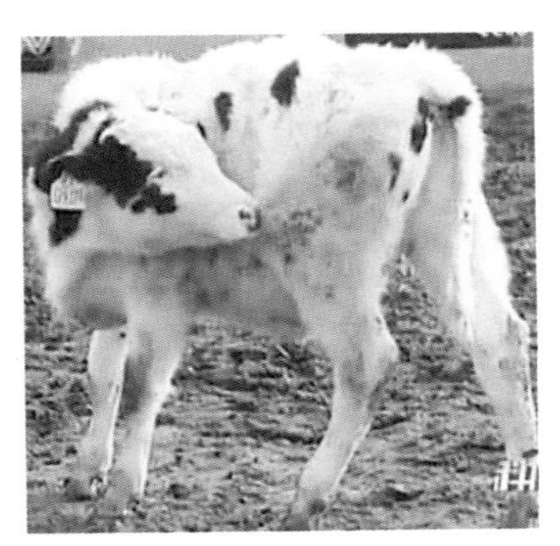

图8-33　痒螨寄生的病牛

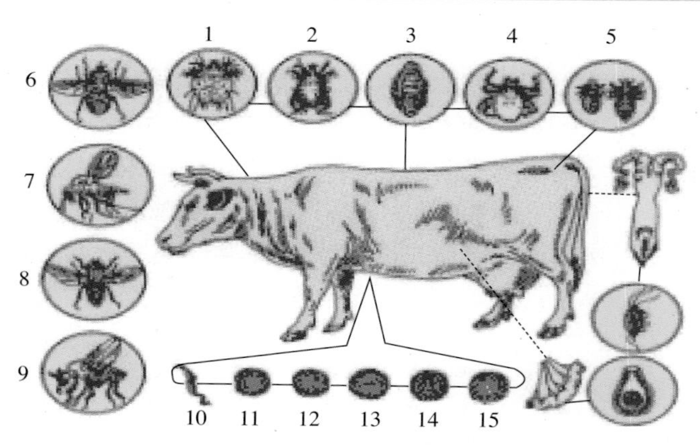

图8-34　牛的主要原虫和节肢动物病原体

1. 疥螨　2. 痒螨　3. 牛皮蝇蛆　4. 硬蜱　5. 虱　6. 螯蝇　7. 蠓　8. 虻　9. 蚋　10. 锥虫　11. 边虫　12. 泰勒焦虫　13. 弗朗斯焦虫　14. 双芽焦虫　15. 田贝斯焦虫

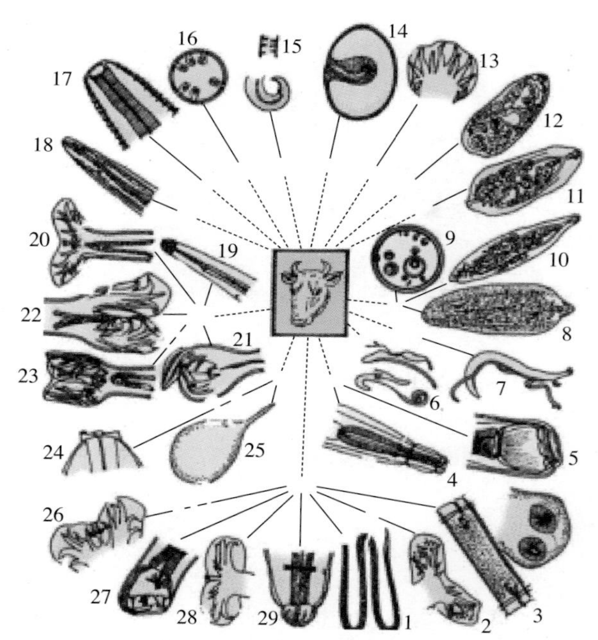

图8-35　牛的主要寄生蠕虫

1. 吸吮线虫　2. 多头蚴　3. 蟠尾丝虫　4. 牛囊尾蚴　5. 网尾线虫　6. 前后盘吸虫　7. 阔盘吸虫　8. 枝歧腔吸虫　9. 棘球蚴　10. 肝片吸虫　11. 毛首线虫　12. 日本分体吸虫　13. 辐射食道口线虫　14. 夏柏特线虫　15. 莫尼茨绦虫　16. 细颈线虫　17. 类圆线虫　18. 牛新蛔虫　19. 毛圆线虫　20. 仰口线虫　21. 古柏　22. 丝状虫　23. 细颈囊尾蚴　24. 马歇尔线虫　25. 长刺线虫　26. 捻转血矛线虫　27. 奥特斯线虫　28. 副柔线虫　29. 筒线虫

2. 肉牛寄生虫病的防治措施

（1）以预防为主，创造良好的饲养条件　保持厩舍、饲料和饮水的清洁卫生。实践证明，在不良的饲养条件下，长期蛋白质摄入不足，缺乏维生素、微量元素及钙等，会降低肉牛对寄生虫的抵抗力，而发生严重感染。寄生虫在抵抗力弱的肉牛体内，可延长其生活周期，增强繁殖能力，加剧其致病作用。营养不良、体质衰弱的犊牛，特别容易感染胎生网尾线虫和犊新蛔虫。肉牛的多数寄生虫虫卵或幼虫排出体外后，在潮湿温暖的条件下，经过一定时间发育为感染性虫卵或幼虫，肉牛采食后遭受感染。因此，要经常打扫厩舍棚圈，保持清洁干燥，使之不适合寄生虫虫卵和幼虫的发育，减少其污染程度。饲料、饮水易被寄生虫虫卵或幼虫所污染，因此要特别注意保持清洁。在流行区，凡从沼泽、水渠、河溪边上割取的牧草，必须经过日晒处理，并将牧草放在适当高度的草架上，供肉牛食用，防止感染吸虫、丝状网尾线虫和消化道线虫。流行区内，放牧肉牛不宜饮用河水、塘水或水渠中的水，防止感染肝片吸虫、前后盘吸虫。

（2）合理使用牧场　选择适宜的放牧时间和地点，牧场寄生虫的污染程度与放牧肉牛的数量和时间长短有关。牧场可采用肉牛与其他家畜单独轮牧的方式，也可以对牧场实行耕作、种植牧草等，通过合理使用牧场，可以减少寄生虫的感染机会。根据寄生虫生活史和生态学的特点，针对外界环境中存在的感染性病原，采取合理的放牧时间和地点，可以减少寄生虫的感染。如牧地上捻转血矛线虫的感染性幼虫的出现数量，早晚多于中午，阴雨天多于晴天。故放牧的时间应尽可能避开早、晚和阴雨天，以减少感染机会。又如肝片吸虫的囊蚴，附着于沼泽地和沟渠两边牧草上或漂浮于水洼、泥沼、水塘的近水处。因此，在秋雨感染季节，不宜到上述地方放牧，而应选择高燥岗地放牧，以减少肝片吸虫的感染。

（3）定期进行预防性驱虫　对于舍饲圈养的肉牛，应定期进行预防性驱虫。驱虫效果的好坏与驱虫时机的选择密切相关。绦虫病的驱虫在当年开始放牧后的1个月进行，当年出生的犊牛在断奶后要及时驱虫。

选择驱虫药时，应选择安全、高效、广谱、使用方便的药物。伊维菌素类驱虫药能使寄生虫肌肉麻痹，不能进食而死亡，对体表寄生虫和消化道线虫均有很好的疗效，而且使用方便。对能活动的寄生虫，伊维菌素是首选驱虫药，但伊维菌素对肠道绦虫作用很小，因为绦虫仅靠体表从肠道直接吸收营养物质。丙硫咪唑与硝氯酚对肉牛绦虫、吸虫则有很好的驱虫效果，其商品名有多种，可选肠虫清等（图8-36）。

图8–36　部分常用驱虫药品

驱虫期间应加强肉牛的管理，发现驱虫药物毒副作用，应及时抢救。投药后排虫期间，肉牛应集中管理，将排出的粪便及时清扫、消毒，以杀灭残留的寄生虫。

（三）肉牛常见病

1. 口炎　口炎是口腔黏膜炎症的总称。按炎症性质分为卡他性口炎、水泡性口炎、溃疡性口炎、脓疱性口炎等。

卡他性口炎为单纯性或红斑性口炎，是口腔黏膜表层轻度的炎症。主要病因为采食粗硬、有芒刺饲料，或者饲料中混有铁丝、玻璃、鱼刺等尖锐杂物，采食冰冻或霉败饲料；由于幼畜乳齿长出或更换，引起齿龈和周围组织发炎；机体防卫机能降低时，口腔内的一些条件性致病菌（链球菌、葡萄球菌、螺旋体等）侵害而引起；或继发于某些疾病（如咽炎、唾液腺炎等）以及某些维生素缺乏症。

水疱性口炎特征为口黏膜上生成充满透明浆液的水疱。主要病因为采食了带锈病菌、黑穗病菌的饲料；误服刺激性或腐蚀性药物；抢食过热的饲料或灌服过热的药液或继发于某些疾病。

溃疡性口炎特征为口黏膜糜烂、坏死，主要原因为口腔不洁，被细菌或病毒感染，继发或伴发于一些疾病。

霉菌性口炎为口腔黏膜表层发生伪膜和糜烂。

口炎初期，口腔黏膜潮红、肿胀、疼痛，采食缓慢，流涎，口角附着白色泡沫（图8-37）。牛患卡他性口炎，食欲减退，挑食嫩草，口腔黏膜发红；水疱性口炎可见口腔黏膜出现透明水泡；溃疡性口炎表现为齿龈肿胀，流涎。

口腔黏膜红、肿、痛，敏感性增高，采食时小心咀嚼，流涎；口腔卡他，口腔黏膜有透明水疱或溃疡（图8-38）。应与咽炎、有机磷农药中毒等进行鉴别诊断。预防主要是加强饲养管理，配制合理饲料，防止尖锐异物、有毒植物混入饲料中；不饲喂发霉变质饲料以及定期检查口腔。以消除病因，加强护理，净化口腔，抗菌消炎为治疗原则。消除病因亦即摘除刺入口腔的尖锐异物，剪断或挫平牙齿；加强护理亦即给予适口而柔软的饲料，维持其营养；净化口腔可用1%食盐水或2%～3%硼酸液洗涤口腔，每天2～4次；口腔有恶臭时，用0.1%高锰酸钾液冲洗口腔；不断流涎时，用1%～2%明矾液或鞣酸液洗涤口腔；溃疡性口炎，病部用硝酸银液腐蚀，然后用生理盐水充分洗涤，再用碘甘油（碘酊与甘油1：9）或龙胆紫、2%硫酸铜溶液、2%硼酸钠甘油溶液、10%磺胺甘油混悬液涂布患部；溃疡面好转后，再继续用消毒剂或收敛剂洗涤口腔，直至痊愈。抗菌消炎亦即使用磺胺类药物或抗生素，给予维生素配合治疗。继发性口炎时，应积极治疗原发病。

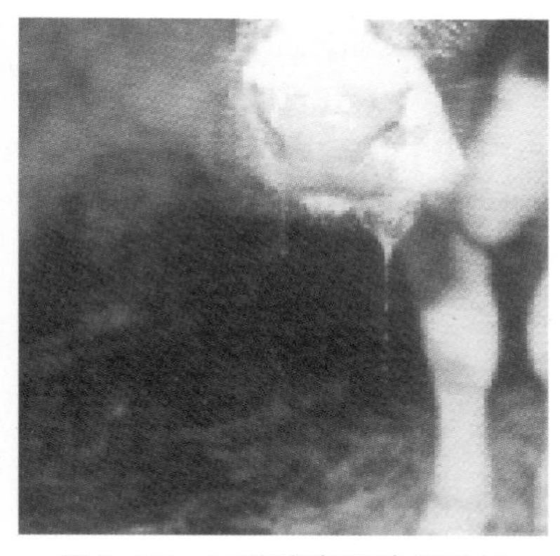

图8-37　口腔流出蛋清样黏液

图8-38　口炎病牛口腔病变

2.食管阻塞　食管阻塞是因食块或异物阻塞于食管内所致，表现为吞咽障碍等症状。如因吞食胡萝卜、甘薯、马铃薯等块根块茎类饲料而发生食管阻塞，也有误咽衣物、塑料等异物而导致食管阻塞的。

病牛的主要症状是突然停食，神情紧张、不安，头颈伸展，做吞咽动作，张口伸舌，口、鼻流涎，呼吸急促。

肉牛多在采食过程中突然发病，咽下困难或不能下咽是突出的症状，伴有含饲料碎片的泡沫从口、鼻流出，呈牵缕状。颈段食管阻塞时，可用手触到异物，在左侧颈静脉沟内侧深处有局限性隆起（图8-39）。

图8–39　食管阻塞触诊

根据实际情况阻塞物的排出方法可采用经口排出法、胃管推下法、手术法等。经口排出法适于颈部食管阻塞，在颈部用手向外推挤排出异物，至咽部处打开口腔，用异物钳取出。胃管推下法适于胸部食管阻塞，将2%～5%普鲁卡因溶液注入食管，10分钟后将植物油或液体石蜡注入食管，用食管探子缓慢地向胃内推送。手术法适于以上方法不能排除阻塞时，可用食管切开术取出。

3.瘤胃积食　也叫急性瘤胃扩张，牛瘤胃积食是由于瘤胃内积滞过多的粗饲料，引起瘤胃体积增大，瘤胃壁扩张，瘤胃正常的消化和运动机能紊乱的疾病。触诊坚硬，瘤胃蠕动音减弱或消失。

其发病原因主要是：①过多采食容易膨胀的饲料，如豆类、谷物等；②采食大量未经铡碎的半干不湿的甘薯秧、花生秧、豆秸等；③突然更换饲料，特别是由粗饲料换为精饲料又不限量时，易致发本病；④牛体弱，消化力不强，运动不足，采食大量饲料而又饮水不足；⑤瘤胃弛缓、瓣胃阻塞、创伤性网胃炎、真胃炎和热性病等也可继发。

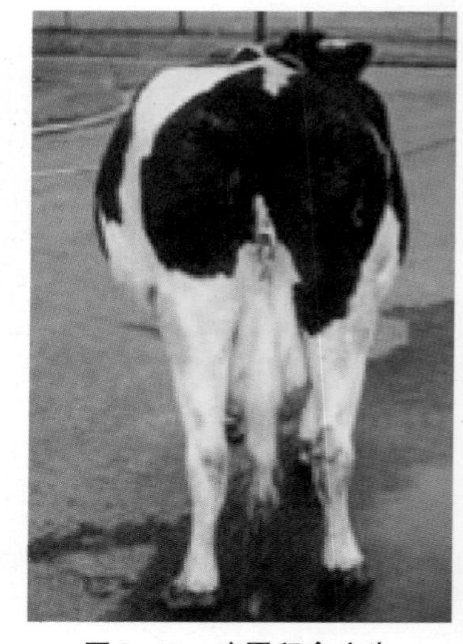

图8–40　瘤胃积食病牛

病牛主要表现为精神不振，食欲减退，拱背，站多卧少，右肷窝胀满。病牛多腹痛，频频回顾腹部并以后肢踢腹（图8-40）。有时伴有努责，常磨牙、呻吟、流涎，有时出现呕吐。粪便黑而干结，量少，尿液短赤。体温无明显变化。脉搏细弱而快。眼窝凹陷，皮肤因脱水而失去弹性。严重时呼吸困难，呻吟，吐粪水，有时从鼻腔流出。如不及时治疗，多因脱水、中毒、衰竭或窒息而死亡。

用手按压瘤胃部，内容物坚实，呈沙袋样，按压留痕。病畜疼痛不安，叩诊有浊音，听诊腹部肠音微弱，严重时消失。心跳、呼吸随着瘤胃的臌胀而加快，后期出现呼吸困难，心跳急速。

直肠检查发现其瘤胃容积增大，充满坚实的内容物，有的病例为粥样内容物。取瘤胃内容物进行检查，其pH趋向于酸性，后期胃内纤毛虫数量减少。如果内容物呈粥样并伴有恶臭，则表明病牛继发中毒性瘤胃炎。

根据临床典型变化以及过食的病史，易确诊。但需与瘤胃臌气、创伤性网胃炎、前胃迟缓、皱胃变位、肠套叠等进行鉴别。

防治应以“预防为主，防治结合”为原则。加强饲养管理，使牛群避免受到不良因素的刺激而产生应激；防止突然变更生活环境和饲料；严格按照日粮标准饲喂，且饲料中应有合理的营养配比；保证牛群的健康生长状况。

瘤胃积食的治疗原则是消除病因，增强瘤胃蠕动机能，促进瘤胃内容物吸收并排出，改善和调节瘤胃内微生物菌群环境（图8-41）。

4.瘤胃臌气　瘤胃臌气也称为瘤胃臌胀、气胀，是因为前胃神经反应性降低，收缩力减弱，采食了容易发酵的饲草、饲料，在瘤胃内菌群的作用下，异常发酵，产生大量气体，从而使得瘤胃和网胃急剧膨胀，压迫膈膜和胸腔脏器，引起呼吸与血液循环障碍，发生窒息现象的一种疾病。按照病因分为原发性瘤胃臌气和继发性瘤胃臌气（图8-42）。

图8-41　牛瘤胃积食治疗

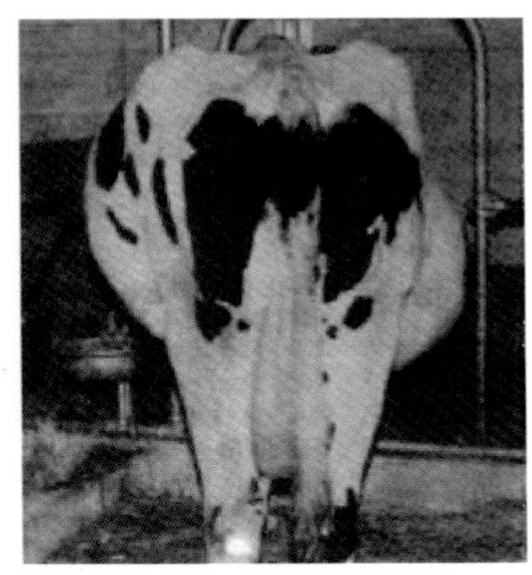

图8-42　牛瘤胃臌气

①原发性瘤胃臌气：主要因为牛采食了大量容易发酵的青绿饲料，造成产气、排气不平衡，使得大量气体停留在瘤胃内，进而引发瘤胃臌气。特别是由舍饲转为放牧的牛群，更易得此病。病因为采食幼嫩的豌豆蔓叶、秧苗、花生蔓叶等禾谷类和豆科植物；采食经堆积发热的青草或冻结的牧草；采食未经浸泡的黄豆、豆饼或花生饼等；过量采食胡萝卜、土豆等块根饲料。

②继发性瘤胃臌气：主要由于瘤胃内产生的生理性或病理性气体的排除障碍导致。可分为两种情况：食管梗阻、痉挛或麻痹等胃的前段消化道阻塞；瓣胃阻塞、前胃阻塞等胃的后段阻塞等引发的排气障碍。

急性瘤胃臌气：常发生于采食中或采食后不久。表现为病畜在采食中举止不安，回头望腹（图8-43），腹围迅速膨大，右肷窝明显凸起，腹壁紧张而有弹性，叩诊为鼓音。食欲消失，反刍和嗳气均消失。瘤胃蠕动音先增强，后逐渐减弱或消失。随着瘤胃臌胀，膈肌受到压迫而使呼吸急促、有力，频率增大，可达到每分钟60次以上。

图8-43　瘤胃臌气病牛回头望腹

心跳、脉搏增快，可达到每分钟100 ～ 120次。当发生非泡沫性臌胀时，对其进行胃管检查，可从胃管中排除大量酸臭的气体，此时臌胀可得到轻度的缓解。发生泡沫性臌胀时，常有泡沫状唾液从口腔中喷出，可随胃管流出少量的泡沫，但臌胀不会得到缓解。病牛后期会发生心力衰竭，血液循环障碍，呼吸困难，黏膜充血、发绀，站立不稳，步态蹒跚，甚至突然倒地，痉挛、抽搐、死亡。

慢性瘤胃臌气：多为继发性臌气。病情不稳定，常间歇性发作。治疗不易去除病根，极易反复发作。应进行全面检查，确定其原发病。

原发性瘤胃臌气可根据病畜的临床症状，结合采食大量易发酵饲料后发病的病史，可以确诊。继发性瘤胃臌气可根据其周期性或间隔时间的不规则反复臌气进行诊断，但必须进行全面的检查，以确定其原发病，针对病情，本着“预防为主，防治结合”的原则进行防治。本病的预防重在饲养管理，由舍饲转为放牧时，应格外留意在最开始一段时间内先饲喂干草后再放牧，并应限制放牧时间，避免其过量采食；减少饲喂潮湿饲料；禁止牛群进入幼嫩多汁的豆科植物种植地采食。在加强管理的同时还应当做好饲喂工作，为牛群提供足够的营养物质。

治疗应按照“减气排压，健胃消导，强心补液，恢复并促进瘤胃蠕动”的原则进行。初期或病情较轻者：使病牛保持前高后低姿势，牵引牛舌或将涂有煤油的木棒放在病牛口中，同时对其瘤胃进行按摩，促进气体排出。与此同时，内服生石灰水（1 ～ 3升上清液），对其进行消肿止酵。病情严重的病例，可直接采用瘤胃穿刺的方法进行放气（图8-44）。但是放气过程要小心、缓慢，防止放气过急而造成腹内压骤减，导致窒息。放气后用0.25%普鲁卡因溶液50 ～ 100毫升、青霉素100万单位，注入瘤胃内，效果更佳。

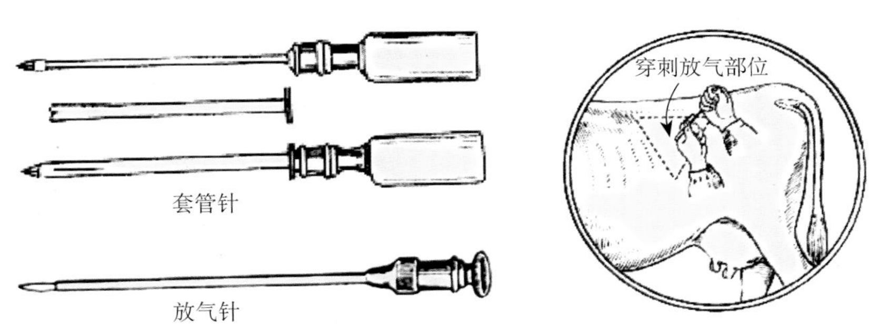

图8–44　臌胀牛急救放气

5.维生素A缺乏症　缺乏维生素A主要影响动物视色素（对牛影响视紫红质）的正常代谢、骨骼的生长和上皮组织的维持。严重缺乏的母畜，可影响胎儿正常发育。当维生素A缺乏或不足时，视紫红质的再生更替作用受到干扰，动物在阴暗的光线中呈现视力减弱及目盲。维生素A缺乏症能导致所有上皮细胞萎缩，但主要受影响的是既有分泌功能又有覆盖功能的上皮组织。由于分泌细胞在基础上皮上的分裂能力和发生能力的衰竭，所以在缺乏症中，这些分泌细胞逐渐被层叠的角化上皮细胞所代替，成为非分泌性的上皮组织。这种情况主要见于唾液腺、泌尿生殖道（包括胎盘）。甲状腺素的分泌显著减少。由于这些上皮变化的结果，在临床上导致胎盘变性、干眼病和角膜变化。

此外，由于维生素A在胎儿生长期间是器官形成的一种必需物质，因此当母畜缺乏维生素A时，能导致胎儿多发性先天性缺损，特别是脑水肿、眼损害等。

患缺乏症的牛，皮肤有麸皮样痂块，但未必引起动物消瘦。维生素A缺乏症可影响公母牛的生殖能力。虽然公畜可保留性欲，但精小管生殖上皮变性，精子活力降低，青年公牛睾丸显著地小于正常。母畜受胎作用虽未发生影响，但胎盘变性，可导致流产、死产或生后胎儿衰弱及母畜胎盘滞留。新生犊牛可发生先天性目盲及脑病，亦可发生肾脏异位、心脏缺损、膈疝等其他先天性缺损。

夜盲症是一种突出的病征，也是最早出现的重要病征。特别在犊牛，当其他症状都不甚明显时，就可发现早晨、傍晚或月夜中光线朦胧时，犊牛盲目前进，行动迟缓，碰撞障碍物（图8-45）。另外，患缺乏症的犊牛，呈现中枢神经损害的病征，由于骨骼肌麻痹而呈现运动失调，最初常发生于后肢，然后见于前肢。缺乏还可引起犊牛面部麻痹、头部转位和脊柱弯曲（图8-46）。

图8-45　犊牛夜盲症

图8-46　犊牛头部转位

牛每天正常需要维生素A最低量是每千克体重30国际单位，每天正常需要胡萝卜素最低量是每千克体重75国际单位。育肥牛的日粮，冬季每天加入维生素A10 000国际单位，秋季每天加入40 000国际单位。

6.犊牛佝偻病　佝偻病是生长快的幼畜维生素D缺乏及钙、磷代谢障碍所致的骨营养不良。病理特征是成骨细胞钙化作用不足、持久性软骨肥大及骨骺增大的暂时钙化作用不全。临床特征是消化紊乱、异嗜癖、跛行及骨骼变形。快速生长中的犊牛，由于原发性磷缺乏及舍饲中光照不足，犊牛轻度的维生素D缺乏，就足够引起佝偻病的发生。佝偻病多发生在断奶之后的犊牛。佝偻病是以骨基质钙化不足为基础发生的，而促进骨骼钙化作用的主要因子是维生素D。特别是当钙、磷比例不平衡时，犊牛对维生素D的缺乏极为敏感。一旦食物中钙和磷缺乏，并导致体内钙、磷不平衡现象，这时若伴有任何程度的维生素D不足现象，就可使成骨细胞钙化过程延迟，同时甲状旁腺促进小肠中的钙的吸收作用也降低，导致佝偻病的发生。

犊牛发病早期呈现食欲减退，消化不良，精神不活泼，然后出现异嗜癖。病畜经常卧地，不愿起立和运动。发育停滞，消瘦，下颌骨增厚和变软，出牙期延长，齿形不规则，齿质钙化不足（坑凹不平，有沟，有色素），常排列不整齐，齿面易磨损，不平整。严重的犊牛口腔不能闭合，舌突出，流涎，吃食困难。最后面骨和躯干、四肢骨骼有变形，间或伴有咳嗽、腹泻、呼吸困难和贫血。犊牛低头，拱背，站立时前肢腕关节屈曲，向前方外侧凸出，呈内弧形；后肢跗关节内收，呈八字形叉开站立。运动时步态僵硬，肢关节增大（图8-47、图8-48）。

图8–47　佝偻病牛

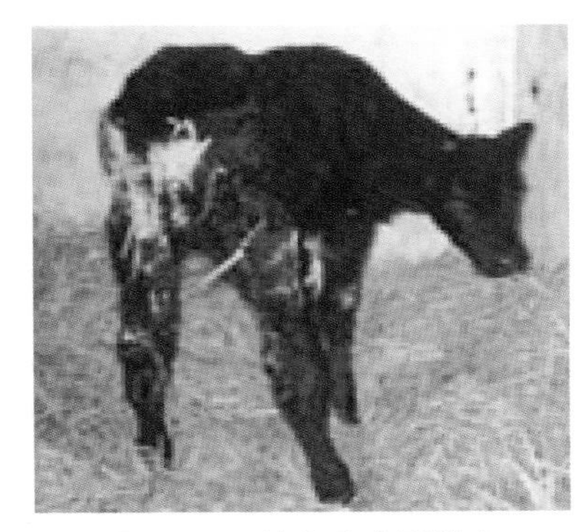

图8–48　犊牛八字形站立

根据动物的年龄、饲养管理条件、慢性经过、生长迟缓、异嗜癖、运动困难以及牙齿和骨骼变化等特征，可以确诊。

佝偻病的发生既可由于饲料中钙、磷比例不平衡，也可由于维生素D缺乏引起，二者之间的关系是相互促进和影响的，在很多情况下，维生素D缺乏起着重要作用，因此防治佝偻病的关键是保证机体能获得充分的维生素D。日粮中应按维生素D的需要量给予合理的补充，并保证冬季舍饲期得到足够的日光照射。

日粮应由多种饲料组成，特别要注意钙、磷平衡问题。富含维生素D的饲料包括开花阶段以后的优质干草、豆科牧草和其他青绿饲料，在这些饲料中，一般也含有充足的钙和磷。

7. 阴道脱出 母牛阴道的一部分或全部脱出于阴门之外，称为阴道脱出。分阴道上壁脱出和下壁脱出，以下壁脱出为多见。多发于妊娠中后期，年老体弱的母牛发病率较高。

发病原因主要是由于日粮中缺乏常量元素及微量元素，运动不足，阴道损伤及年老体弱等。瘤胃臌气、便秘、腹泻、阴道炎，长期处于向后倾斜过大的床栏，以及分娩和难产时的阵缩、努责等，致使腹内压增加，是其诱因。

病牛一般无全身症状，阴道部分脱出常在卧下时，见到形如鹅卵到拳头大的红色或暗红色的半球状阴道壁突出于阴门外（图8-49），站立时缓慢缩回。但当反复脱出后，则难以自行缩回（图8-50）。阴道完全脱出多由部分脱出发展而成，可见形似排球到篮球大的球状物突出于阴门外，其末端有子宫颈外口，尿道外口常被挤压在脱出阴道部分的底部，故虽能排尿但不流畅。脱出的阴道初期呈粉红色，后因空气刺激和摩擦而瘀

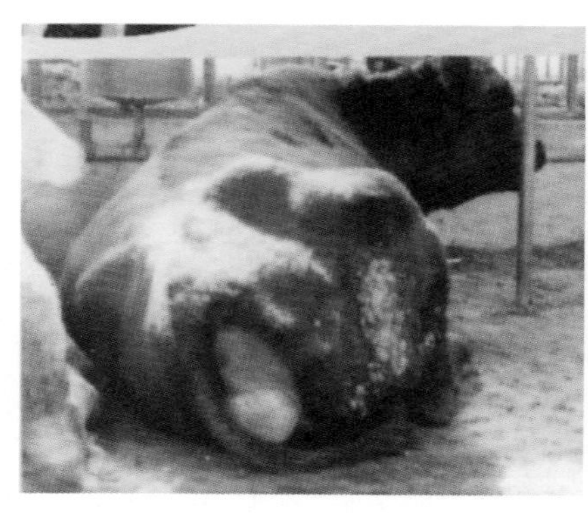

图8-49　母牛阴道部分脱出

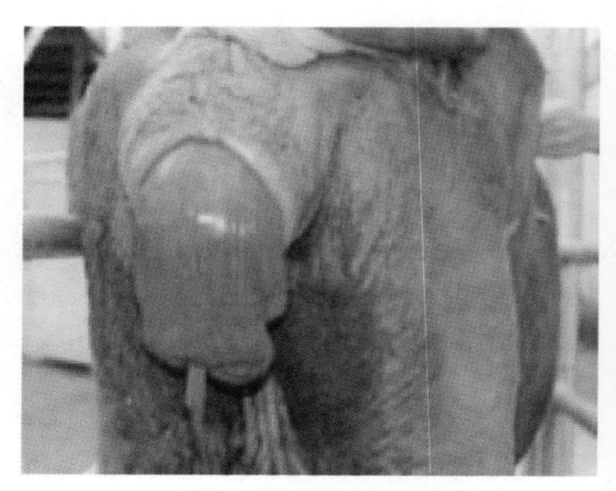

图8-50　母牛阴道脱出

血水肿，渐成紫红色肉胨状，表面常有污染的粪土，进而出血、干裂、结痂、糜烂等。

部分脱出的治疗：站立时能自行缩回的，一般不需整复和固定。在加强运动、增加营养、减少卧地，并使其保持后位高的基础上，灌服具有“补虚益气”的中药方剂，多能治愈。站立时不能自行缩回者，应进行整复固定，并配以药物治疗。完全脱出的应行整复固定，并配以药物治疗。整复时，将病牛保定在前低后高的地方，裹扎尾巴并拉向体侧，选用2%明矾水、1%食盐水、0.1%高锰酸钾溶液、0.1%雷奴尔或淡花椒水，清洗局部及其周围。趁牛不甚努责的时候用手掌将脱出的阴道托送回体内后，取出纱布，用消毒的粗缝线将阴门上2/3作减张缝合或钮孔状缝合（图8-51）。当病牛剧烈努责而影响整复时，可进行硬膜外腔麻醉或尾骶封闭。

图8-51 阴门缝合

参考文献

曹玉凤，李建国．2004．肉牛标准化养殖技术．北京：中国农业大学出版社．
陈幼春．1999．现代肉牛生产．北京：中国农业出版社．
王锋，王元兴．2003．牛羊繁殖学．北京：中国农业出版社，．
王加启．2005．青贮专用玉米高产栽培与青贮技术．北京：金盾出版社．
王振来，钟艳玲，李晓东．2004．肉牛育肥技术指南．北京：中国农业大学出版社．
许尚忠，马云．2005．西门塔尔牛养殖技术．北京：金盾出版社．
许尚忠，魏伍川．2002．肉牛高效生产实用技术．北京：中国农业出版社．
杨效民．2008．旱农区牛羊生态养殖综合技术．太原：山西科学技术出版社．
杨效民．2004．晋南牛养殖技术．北京：金盾出版社．
杨效民．2009．肉牛标准化生产技术彩色图示．太原：山西经济出版社．
杨效民．2012．图说肉牛养殖新技术．北京：中国农业科学技术出版社．
杨效民．2011．种草养牛技术手册．北京：金盾出版社．
杨效民，李军．2008．牛病类症鉴别与防治．太原：山西科学技术出版社．

图书在版编目（CIP）数据

图说如何安全高效饲养肉牛/史民康主编. —北京：中国农业出版社，2015.2（2022.9重印）
（高效饲养新技术彩色图说系列）
ISBN 978-7-109-20172-9

Ⅰ. ①图… Ⅱ. ①史… Ⅲ. ①肉牛－饲养管理－图解 Ⅳ. ①S823-64

中国版本图书馆CIP数据核字（2015）第031247号

中国农业出版社出版
（北京市朝阳区麦子店街18号楼）
（邮政编码100125）
责任编辑　武旭峰

中农印务有限公司印刷　　新华书店北京发行所发行
2015年6月第1版　　2022年9月北京第4次印刷

开本：889mm × 1194mm　1/32　　印张：6
字数：180 千字
定价：48.00 元